河西生态变迁与生态文化演进

王丹宇　郑　苗　著

读者出版社

图书在版编目（CIP）数据

河西生态变迁与生态文化演进 / 王丹宇，郑苗著
. -- 兰州 : 读者出版社，2023.10
ISBN 978-7-5527-0776-2

Ⅰ. ①河⋯ Ⅱ. ①王⋯ ②郑⋯ Ⅲ. ①区域生态环境
－变迁－研究－甘肃 Ⅳ. ①X321.242

中国国家版本馆CIP数据核字（2023）第217095号

河西生态变迁与生态文化演进

王丹宇　郑　苗　著

责任编辑　王宇娇
装帧设计　雷们起

出版发行　读者出版社
地　　址　兰州市城关区读者大道568号（730030）
邮　　箱　readerpress@163.com
电　　话　0931-2131529（编辑部）　0931-2131507（发行部）

印　　刷　甘肃发展印刷公司
规　　格　开本 787 毫米×1092 毫米　1/16
　　　　　印张 15.25　插页 2　字数 252 千
版　　次　2023 年 10 月第 1 版
　　　　　2023 年 10 月第 1 次印刷
书　　号　ISBN 978-7-5527-0776-2
定　　价　58.00元

总　序

　　武威，古称凉州，是国家历史文化名城、中国优秀旅游城市、中国旅游标志之都，历史文化底蕴深厚。早在五千多年前，凉州先民就在这里生活繁衍，创造了马家窑、齐家、沙井等璀璨夺目的史前文化；先秦时期，这里是位列九州之一的雍州属地，也是华夏文明与域外文化交流的重要通道；两汉、魏晋南北朝、隋唐、西夏等时期，是凉州文化形成与发展的几个重要阶段；明清时期，文风兴盛，是凉州文化发展的黄金阶段。在历史的长河中，以武威为中心形成的凉州文化，在中国文化发展史上留下了辉煌灿烂的绚丽篇章，形成了厚重的文化积淀和多彩的文化形态，并在今天仍然有深远影响。中国社会科学院古代史研究所所长、研究员卜宪群先生谈到："广义的凉州文化指整个河西地区的文化，凉州文化的研究可将武威及其周边的文化辐射区包括在内。""凉州文化在中国历史上占有重要地位，为中华文化的多样性做出了贡献，也为统一的多民族国家形成做出了贡献。"

　　"关乎人文，以化成天下。"高质量经济发展离不开高质量文化建设。习近平总书记指出，要大力挖掘、传承、保护、弘扬传统文化，揭示蕴含其中的文化精神、文化胸怀，坚定文化自信。凉州文化是中华优秀传统文化的重要组成部分，以其特色鲜明、内涵博大而熠熠生辉，在当前文化强省建设中发挥着重要作用。凉州文化之于武威，是绵延悠长、活灵活现的一种文化形态，是推动武威不断发展的力量源泉。武威市凉州文化研究院在文化研究工作中，始终正确把握传承和创新的关系，深入挖掘优秀传统文化，结出了累累硕果。我多次去武威考察，与当地领导和专家学者交流较多，深感武威市各界对凉州文化的无比自豪和高度重视。为推动历史文化推陈出新、古为今用，以文塑旅、以旅彰文，加快文化旅游名市建设，武威市专门成立了武威市凉州文化研究院，给予编制、经费等方面的大力支持。武威市凉州文化研究院起点高、视野宽，以挖掘、开发、研究、提升为重点，制定了长远翔实的研究计划，开展了一系列卓有成效的学术交流工作。如与中国社会科学院古代史研究所深度合作，举办高层次的学术研讨会，深入挖掘凉州文化的价值，取得了诸多学术成果；与浙江大学、兰州大学、西北师范大学、甘肃省社会科学院等高校和科研机构合作，从多方面研究和传播凉州文化，持续扩大凉州文化的学术影响力，社会反响热烈。

近日，武威市凉州文化研究院的张国才院长给我寄来《凉州文化丛书》（第一辑）的书稿，委托我为这套丛书作序。出于他及其同事们精益求精、一丝不苟的治学精神和对弘扬凉州文化的深厚情怀和满腔热情，我便欣然应允，借此机会谈一些自己阅读书稿的体会。

一是丛书的覆盖面广。《凉州文化丛书》（第一辑）选取武威具有代表性的特色文化，从不同角度阐释凉州文化的丰富内涵和独特魅力。《武威地名的历史传承与文化内涵演变》通过研究分析武威地名形成的自然环境、制约因素、内在规律、文化成因等，考证其背后的历史文化，讲述地名故事，总结武威地名的历史变迁、命名规律等，对促进武威地名文化遗产保护，推动武威地名文化深入研究，进一步提高武威地名文化品位，彰显凉州文化魅力，具有积极的作用。《古诗词中的凉州》选取历代诗人题写的有关凉州的边塞气象、长城烽烟、田园风情、驼铃远去、古台夕阳等诗歌，用历史文化散文的形式解读古诗词中古代凉州的政治、经济、军事、历史、文化等，把厚重浩繁、博大精深的咏凉诗词转化为一篇篇喜闻乐见、通俗易懂、轻松活泼的文史散文，展现诗词背后辉煌灿烂的凉州文化。《汉代武威的历史文化》既有汉代武威地区的自然地理、行政建制、军事防御、物质生活、精神生活、社会发展，也有出土的代表性简牍的介绍及价值评说。借助历代典籍和近现代学者的相关研究，力求还原客观真实的武威汉代历史文化。在论述时，尽量采取历史典籍和出土文物、文献相结合的方式，深入挖掘武威出土文物背后的故事。《武威长城两千年》聚焦域内汉、明长城遗存，从自然地理、生态环境、军事战略、区域文化等方面进行了解读，既有文献史料的梳理举隅，也有田野调查的数据罗列，同时结合国家文化公园建设，就武威长城精神、长城文化遗产保护利用等作了阐释，对更好挖掘长城文化价值、讲好长城故事、推动长城文化资源"双创"有所裨益。《武威吐谷浑文化的历史书写》在收集、整理吐谷浑历史资料和最新研究成果的基础上，以吐谷浑的来源、迁徙及其政权建立、兴衰和灭亡为主要脉络，探讨吐谷浑在历史上与武威有关的内地政权的关系，进而研究吐谷浑的政权经略、文化影响及历史作用，重点突出，视野宏阔，这种研究对于铸牢中华民族共同体意识是十分必要的。《清代凉州府儒学教育研究》以清代凉州府的儒学教育为研究对象，既有对凉州府儒学教育及进士的概括性研究，也有对凉州府进士个体的研究，点面结合，"既见森林，又见树木"，使读者获得更为丰满的凉州府进士形象。通过一个个活灵活现的人物形象，更加生动具体地揭示了当时儒学教育的样貌。《武威匾额述略》主要从匾额的缘起流变、分类制作入手，并对武威匾额进行整理研究，全面分析了武威匾额的艺术赏析、价值功能，生动诠释了武威深厚的历史文化内涵及其蕴含在匾额中的凉州文化，是我们走进武威、打开武威历史的一把重要钥匙。《清代学人笔下的河西走廊》选取陈庭学、洪亮吉、张澍、徐松、林则徐、梁份等十位学人，通过钩沉其传记、年谱、文集、诗集等相关史料，在前人研究的基础上，重点反映清代河西走廊的地理、历史、人文、民俗等，展示了一幅河西走廊多民族交往交流交融的历史画卷。《河西历代人口变迁与影响》对河西历代人口数量等方面进行考察，阐述历史时期河西人口与政治、经济之间的动态关系。《河西生态变迁与生态文化演进》以河西地区生态变迁较为突出的汉、唐、明清时期为主要脉络，采用地理学、考古学、历史学、生态学等学科相结合的研究方法，对河西地区历史时期的生态变迁、生态文化演进做了全面的研究。阅读这十本书，既能感受到博大厚重的凉州文化，又能体会到凉州文化的包容性、多样性的特征。

二是丛书的学术价值高。《凉州文化丛书》（第一辑）各位作者在前期通过辛勤的考察调研，搜集了大量的资料，然后根据实际需要开展研究性撰写，既吸收了前人的研究成果，又融入了自己的观点，既体现了历史文化的严谨准确，又对其进行创新性、前瞻性解读，思考的角度也有所不同，研究的方法也有新的突破。此外，丛书中的每一本书都由武威市凉州文化研究院与甘肃省社会科学院的研究者合作完成，在专业、学术、研究、视野、资料搜集等方面具有互补性，在撰写的过程中互相探讨交流，无形之中提高了丛书的质量。因此整套丛书无论从研究深度，还是学术价值，都比以往研究成果有新的提高。有些书稿甚至让人眼前一亮、耳目一新，颇有不忍释卷之感。

三是丛书的可读性强。《凉州文化丛书》（第一辑）注重学术性和资料性，兼顾通俗性和可读性，图文并茂。在进行深度挖掘、系统整理的基础上，又对文化展开解读，符合当下社会各界的文化需求，既方便专业研究人员查阅借鉴，也能让普通读者也喜欢读、读得懂，对于普及武威历史、凉州文化，提高全社会的文化自信等，具有重要的作用和意义。

编一套丛书，实不易也。武威市凉州文化研究院以初创时的一张白纸绘蓝图，近几年已编撰出版各类图书二十多本种，每一种都凝聚着凉州文化研究工作者的心血和汗水。几载光阴，他们完成了资料的整理研究，向着更为丰富、更加系统的板块化研究方向迈进，这又是多么可喜的一步。这十本书，正是该院与甘肃省社会科学院紧密合作，组织双方研究人员共同"探宝"凉州文化的有益之举。幸哉，文史研究工作，本为枯燥乏味之事，诸位却在清冷中品出了甘甜，从寂寞中悟出了真谛，有把冷板凳坐热的劲头，实为治学之精神，人生之追求。

《凉州文化丛书》（第一辑）是武威市凉州文化研究院的阶段性成果，集中展示了武威市凉州文化研究院学术研究成果,值得庆贺!希望武威市凉州文化研究院以此为契机,积极吸收最新的学术研究成果,从西北史、中国史、丝绸之路文明史的大视野来审视凉州文化,多出成果,多出精品,为凉州文化的传承发展做出更大的贡献。

是为序。

田 澍

2023 年 8 月 31 日于兰州黄河之滨

田澍,西北师范大学副校长、教授、博士生导师,中国历史研究院田澍工作室首席专家,《兰州通史》总主编。

前　言

　　人类社会 300 多万年的发展史归根结底是一部人和自然的交往史，人类文明的发展史是一部人与环境的关系史。当人类徜徉于丰盈的物质世界、沉醉于掌控自然界所带来的快慰与自足的时候，人类的周遭世界却发生着变化，人与自然和谐的共生关系被无情地撕裂，人类的生命安全、人类文明的繁荣永续遭到严重威胁。恩格斯在 100 多年前就告诫：我们不要过分陶醉于我们对自然界的胜利。对于每一次这样的胜利，自然界都报复了我们。"由环境而兴、因生态而衰"的教训不胜枚举。2006 年，时任国务院总理的温家宝同志这样说："人类文明的发展和延续，与生态环境密切相关。生态环境的恶化不仅会破坏人们的生存条件，甚至会导致人类文明的消亡。"

　　河西走廊位于我国地理版图中间地带及青藏高原和内蒙古高原间凹陷地带，从中国西北、亦或从整个欧亚板块来看，河西走廊都属于独特且重要的地理单元，自古便是国家经略西北、稳固边疆的战略支点。河西地区自然环境具有强烈的空间异质性，是我国北方防沙带和青藏高原生态屏障的重要组成部分，也是西北防治草原荒漠化的核心区。其范围涵盖河西农产品主产区、祁连山冰川水源涵养区、祁连山—黑河绿洲国家级水土流失重点预防区、石羊河下游及肃北荒漠生态保护区。特殊的地理区位优势使得河西走廊成为古丝绸之路上衔接东西方文化交流的枢纽，这条咽喉要道促进了东西方文明之间的交往和繁荣，矗立在河西走廊、享誉世界的文化遗迹——敦煌文化遗产保护区，即是昔日丝绸之路熠熠生辉的最好诠释。

　　国家振兴"丝绸之路经济带"的战略重新赋予了河西走廊承载东西方文明交融发展的使命，这种使命给河西走廊社会经济的全面繁荣创造了良好的机遇，也对河西走廊社会经济可持续发展的环境基础提出了更高的要求。2019年8月，习近平总书记在视察甘肃河西走廊时强调：河西走廊作为我国西北重要的生态屏障和国家重要生态屏障区域，肩负着西北乃至国家生态保护的重任，对我国生态安全具有重要的战略意义。要"加快高质量发展，加强生态环境保护"。我们从历史维度梳理河西地区生态变迁及文化演进，探求河西地区生态演变的规律、文明和环境之间的挑战，为生态社会和谐新局面的建设提供可行性建议，为当前和未来的生态治理提供历史镜鉴。

目　录

河西走廊地处我国西北干旱地区和青藏高原边缘，主要由敦煌—瓜州盆地、酒泉—张掖盆地和武威盆地三个独立的内陆盆地组成。然而河西地区的地域范围要远远大于河西走廊，以河西走廊为主体，还包括甘肃境内祁连山—阿尔金山山区、甘肃省地域内的北山山地、阿拉善高原南缘，总面积约40万平方千米。行政区划上为甘肃省河西走廊5个省辖市和内蒙古自治区阿拉善盟额济纳旗、阿拉善右旗所辖。以下将这个地区统称为河西地区。

河西地区成为历代兵家必争的风水宝地，不仅因为它蕴含丰富的自然资源，更是因为它可"镇河山襟带，扼束羌戎"。从地理位置来说，它位于黄土高原、蒙古草原、西域荒原、青藏高原四大地理板块交会区，不同的地貌、不同的气候、不同的文化，却共同拥有河西走廊这一交通出口，此通道的便利，独一无二，可谓"天下要冲，国家藩卫"。因为其特殊的地理位置赋予了河西走廊若干重要的历史职能。

河西走廊是各民族交往的历史纽带。河西走廊得天独厚的地理位置，使它拥有了让生活在河西地区周围以及更广范围内的各民族在这里往来、迁徙、沟通、融合的条件，中原文明和西域文明在这片土地上的交融，影响河西地区自然和人文地理面貌，也在中国历史上产生了非常重要的影响。塞种、乌孙、大夏、月氏等民族都曾在这个十字路口上，或同台、或轮番地演出过异彩纷呈的历史剧。直到今天，河西地区仍然承载着丰富多彩的历史文化，为中国各民族的交流、团结和发展做出了巨大的历史性贡献。[①]

河西走廊是护卫内地的要塞。河西是关中、中原的门户，也是中原王朝强盛时向西扩张的重要根据地。河西走廊以其特殊的地理位置决定它拥有非常重要的战略地位，汉、魏、隋、唐、宋、元、明、清各朝把河西作为战略要地，可谓"夹以一线之路，孤悬两千里，西控西域，南隔羌戎，北遮胡虏"。占领并牢固地控制河西，是实现"北拒蒙古，南捍诸番"的关键所在。因此其特殊

---

① 李并成：《河西走廊历史时期沙漠化研究》，北京：科学出版社，2003年，第6页。

第一节　地理位置

数亿年前的一次地壳巨变，欧亚板块因为印度次大洋板块的撞击而缓慢隆起，形成地球上最高、最庞大的地质构造体系——青藏高原。与此同时，一条平均海拔在 4000 米以上的弧形山脉被顶推隆起，这就是祁连山。在祁连山脉的北麓，自然形成了一条如咽喉般的狭长走廊。在中国的版图上，甘肃省犹如一枚如意，由西北至东南镶嵌在中国的西部。它的中段就是这条自然形成的狭长走廊。因其地处甘肃省黄河以西，形似走廊，于是被人们称作"河西走廊"。这条走廊南高北低，东高西低，东起乌鞘岭，西至星星峡，东西连接黄土高原和塔里木盆地，南侧是祁连山和阿尔金山，北侧是龙首山、合黎山、马鬃山，南北连通青藏高原和蒙古高原。通道东西长约 1200 千米，南北宽数千米至200 千米不等，大部分海拔在 1500 米左右。其地理坐标北纬 37°17′—42°48′，东经 93°23′—104°12′，现置武威、张掖、酒泉、嘉峪关、金昌 5 市，辖 19 县（区）、352 个乡（镇），总面积约 27 万平方千米。拥有耕地面积 67.53 万平方千米，约占甘肃省耕地面积的 18.02%。

青藏高原的隆起，切断了印度洋暖湿气流的北上，使西北地区形成了大片的戈壁荒漠。但幸运的是，在来自太平洋疾风的吹拂下，丰沛的山区降雨使祁连山成为深入西北的一座湿岛，祁连山脉延绵起伏、冰峰峻峭，春天过后千峰消融，覆盖的积雪和史前冰川融化，形成了中国第二大内陆河——黑河。河水奔涌而下，源源不断地流进了河西走廊。黑河水系中下游有张掖、酒泉绿洲，在黑河的东西两侧，是石羊河和疏勒河，石羊河水系中下游有武威、永昌、民勤绿洲，疏勒河水系中下游有玉门、安西、敦煌绿洲。这三大水系滋养了片片绿洲，成为孕育生命的摇篮。

河西地区包括河西走廊和阿拉善高原西部地区。东部至巴丹吉林沙漠、腾格里沙漠，南部至祁连山，西部至甘新交界，北部至中蒙边界。介于东经 93°—105°，北纬 37°—43° 之间，面积约 39.8×10^4 平方千米。其中甘肃境内祁连山—阿尔金山山区约 7×10^4 平方千米，河西走廊约 11.1×10^4 平方千米，走廊北山山区约 10.5×10^4 平方千米，阿拉善高原约 11.2×10^4 平方千米。行政上属于甘肃省河西五市和内蒙古自治区阿拉善盟西部额济纳旗和阿拉善右旗。

第一章

河西地区基本概况

的地理位置决定了河西走廊具有重要的政治、军事地位，成为历代中原王朝的必争之地。明末清初的顾祖禹说："昔日人言，欲保秦陇，必固河西；欲固河西，必斥西域。"因此，历代中央王朝都非常重视对河西的经略，为此修长城，列亭障，建关塞，屯兵戍边，徙民实边，广置屯田，兴修水利，发展农牧业和对外贸易，这对河西经济文化的发展起到了非常重要的作用。[①]

河西走廊是丝绸之路的主要通道。地处黄河上游的河西走廊连接中亚与东亚，是中原通往西域的咽喉、经营西域的前哨，也是中原通往中亚、西亚乃至欧洲的必经之路，由于其在自然条件和通行条件上要比北部沙漠地带和南部高原地区优越得多，使其成了文明世界丝绸之路的最重要路段。丝绸之路沟通了旧大陆和三大洲，是古老的华夏文明与两河流域文明、印度文明、地中海文明等交流的一条黄金通道，东西方文明在这里汇聚交融，东传西渐，河西地区成为东西方经济文化交流不可或缺的通道和桥梁，并吸纳了汇集在这条道路上各种独具特色的文明，以此来促进经济、文化的繁荣。数千年来，丝绸之路为整个人类社会的物质文明和精神文明的发展做出了巨大贡献。两汉时期，佛教和佛教艺术经河西地区传入中国内地，西域僧人来到河西译经收徒，讲经礼佛，凉州、敦煌成为两汉佛经翻译的中心。遐迩闻名的莫高窟、榆林窟、马蹄寺等佛教之地闪耀在丝绸之路上，令世人叹为观止。还有来自西方的诸多物产，如葡萄、胡麻、苜蓿、红兰花、胡豆、石榴、胡瓜、橄榄、珊瑚、熏陆、胡荽、汗血马、琥珀、苏合、珠贝、郁金香、琉璃等，都是通过河西地区传入内地的。[②]不仅有输入，也有输出。产自中原香醇温润的茶叶，造型优美、透光透影的瓷器和漆器，精美绝伦的丝绸，炉火纯青的冶炼技术，举世闻名的四大发明以及水利灌溉技术等，大多都是通过河西地区流传到西方的。东西方人民的社会生活方式有了巨大的改变。因此，在中国历史上，河西走廊成为第一个向

---

① 李并成：《河西走廊历史时期沙漠化研究》，北京：科学出版社，2003年，第4页。
② 李并成：《河西走廊历史时期沙漠化研究》，北京：科学出版社，2003年，第4页。

西方开放的地区。

季羡林先生曾说过:"世界上历史悠久、地域广阔、自成体系、影响深远的文化体系只有四个:中国、印度、希腊、伊斯兰,再没有第五个;而这四个文化体系汇流的地方只有一个,就是中国的敦煌和新疆地区,再没有第二个。"这里说的敦煌和新疆是包含整个河西地区的。在历史上,武威被称为"河西都会,襟带西蕃,葱右诸国,商旅往来,无有停绝","西域诸胡多至张掖交市",敦煌被称为"华戎所交一都会也"。作为世界上四大文化体系会聚之地,河西地区这片广袤而神秘的土地,像一座承载着历史的丰碑,记载着中国人民和西方各国人民互通往来的璀璨历史,象征着昔日古丝绸之路的灿烂辉煌,在过去两千多年间,河西走廊曾为我国经济的发展和文化的交流传播做出了不可磨灭的贡献。今天,它犹如一座灯塔照亮着我们的复兴之路。

第二节　地质地貌

　　这个星球上除了海洋以外，几乎所有的地形地貌都在河西地区呈现。河西走廊属于祁连褶皱系的北祁连褶皱带中的一个过渡地带，河西地区的地貌基础奠定于喜马拉雅运动以前的老构造运动。喜马拉雅运动时，祁连山大幅度隆升，走廊接受了大量新生代以来的洪积、冲积物。自南而北，依次出现南山北麓坡积带、洪积带、洪积冲积带、冲积带和北山南麓坡积带，走廊地势平坦。沿河冲积平原形成武威、张掖、酒泉等大片绿洲。其余地区以风力作用和干燥剥蚀作用为主，戈壁和沙漠广泛分布，尤以嘉峪关以西戈壁面积较大，绿洲面积较小。在河西走廊山地的周围，由山区河流搬运下来的物质堆积于山前，形成相互毗连的山前倾斜平原。在较大的河流下游，还分布着冲积平原。[①] 新构造运动对地面地貌特征有显著的影响，如古剥蚀面的发育，多级河谷阶地的出现，镶嵌的洪积扇，河道的变迁，褶皱隆升与逆掩断层，沉积深厚的平地等。同时，外力对地貌的塑造也起着重要的作用，这些外力有冰川作用、雪蚀和寒冻分化作用、流水作用、干燥剥蚀作用等。在上述内外力长期作用下，河西走廊地区的地表形态多种多样，有山地、平原、沙漠、戈壁。总的说来，河西地区可划分为四个大的地貌单元，即祁连山—阿尔金山山地、河西走廊坳陷、走廊北山断块带和阿拉善台块。[②]

　　祁连山和阿尔金山山地分别位于河西走廊南部和西南部。祁连山脉位于青

---

　　① 潘小多：《基于 DEM 的祁连山——河西走廊地区地貌形态分形特征研究》，兰州大学硕士学位论文，2003 年，第 9 页。

　　② 潘小多：《基于 DEM 的祁连山——河西走廊地区地貌形态分形特征研究》，兰州大学硕士学位论文，2003 年，第 9 页。

海省东北部与甘肃省西部边境，由多条西北—东南走向的古生代褶皱、中新生代断裂隆起的平行山脉和宽谷组成，是中国大陆主要造山带之一。山势西高东低，山脉平均海拔在 4000—5000 米之间，最高峰大雪山海拔 5564 米。祁连山经过了多次地壳运动，先是地层受内部挤压形成波状弯曲褶皱，然后又经过断裂、提升后形成了皱褶断块山脉。其西端在当金山口与阿尔金山山脉相接，东端至黄河谷地，与秦岭、六盘山相连，长近 1000 千米，属褶皱断块山。其最宽处在酒泉市与柴达木盆地之间，达 300 千米。祁连山脉西段由走廊南山、黑河谷地、托莱山、托莱河谷地、托莱南山、疏勒河谷地、疏勒南山、哈拉湖盆地，党河南山、喀克吐郭勒谷地、赛什腾山、柴达木山、宗务隆山等一系列山脉与宽谷盆地组成。祁连山脉东段有冷龙岭、大通河谷地、大通山、大坂山。在一系列平行山地中，南北两侧和东部起伏相对较大，山间盆地和宽谷海拔一般在 3000—4000 米之间，谷地较宽，两侧洪积、冲积平原或台地发育。祁连山的地形十分复杂，除了山地和谷地，其间也夹杂着湖盆，如疏勒南山以东的北大河、疏勒河、党河、黑河、大通河和哈拉湖及青海湖等。祁连山海拔 4500—5000 米以上的高山区现代冰川发育，现代冰川和古冰川作用的地貌类型都比较丰富。祁连山区由于多年冰土的下界高程一般在 3500—3700 米之间，使大多数山地和一些大河的上游都发育着冰缘地貌。在冻土带以下的地貌作用中，东部以流水作用为主，西部风成作用较为明显。高山积雪形成的颀长而宽阔的冰川地貌奇丽壮观，海拔高度在 4000 米以上的地方，称为雪线，冰天雪地，万物绝迹。

总的来说，祁连山的地貌类型有现代冰川、寒冻和流水作用强烈破坏的高山，寒冻（季节性积雪）和流水作用强烈破坏的高山，侵蚀作用的中山，山间盆地与构造宽谷，剥蚀作用的中山，剥蚀作用的丘陵，峡谷，河谷盆地，切割的黄土陵等。[1]

---

[1] 潘小多：《基于 DEM 的祁连山——河西走廊地区地貌形态分形特征研究》，兰州大学硕士学位论文，2003 年，第 9 页。

阿尔金山位于东经 85°53′—94°20′、北纬 37°30′—39°25′，横跨新疆维吾尔自治区、青海、甘肃三个省。其行政区划从西至东包括了新疆维吾尔自治区且末县东南部、若羌县南部，青海省茫崖镇、冷湖镇，甘肃省阿克塞哈萨克族自治县。阿尔金山处于亚洲荒漠地区与青藏高原地区的交界处，与昆仑山、祁连山共同构成了青藏高原的北部山地。最西端以车尔臣河为界，最东端以当金山口与祁连山相隔，南北分别为柴达木盆地、塔里木盆地和河西走廊西部。山脉呈近似东西走向，东西长约 730 千米，南北宽约 60—100 千米，面积约为 6.2 万平方千米。阿尔金山东西高、中间低，平均海拔 3500—4000 米，位于西段的最高峰阿克塞沟高达 6295 米。海拔 5000 米以上的区域发育着现代冰川，主要地貌类型有现代冰川、常年积雪和寒冰（季节性积雪）的高山。

阿尔金山与其周围山地昆仑山和祁连山所形成的造山带位于我国中央造山带的西段，作为青藏高原的北部边界，地貌上为青藏高原、塔里木盆地和河西走廊的天然分界线。[①] 阿尔金山断裂带是青藏高原北部生长和隆起的关键所在，同时也影响周边诸多山脉、盆地的形成。其主体是由阿尔金走滑断裂带内主断裂与两侧支断裂所围限的楔形断块构成，如主断裂西北侧的苏吾什杰断块、金雁山断块和东南侧的阿卡腾能断块等。两侧断块之间的索尔库里断陷盆地堆积了第四纪砂砾岩，反映断块较近的活动时期。阿尔金山地貌作用主要是地表物质的分解。高山区以寒冻作用为主，中山区以侵蚀作用为主，低山、丘陵区以干燥剥蚀作用为主，在重力作用和流水作用的影响下，风化物在山间盆地和山谷中堆积然后转运出山。大量的同位素年代学证据表明，（古）阿尔金断裂带的形成时间约为三叠纪，后又经历了侏罗纪、白垩纪强烈左旋走滑运动，自印度板块和欧亚板块碰撞后，阿尔金断裂带又再次活动，随着祁连山脉的进一

---

① 董顺利、李忠、高剑等:《阿尔金—祁连—昆仑造山带早古生代构造格架及结晶岩年代学研究进展》,《地质论评》, 2013 年, 第 731—746 页。

步抬升，高原北部边界向北东推进，渐新世逐步形成。[①] 山地的主要成分为寒武纪片麻岩、花岗岩、火山岩和大理岩。阿尔金山现代雪线高达 5000 米左右，古冰川侵蚀的悬谷下达 4000 米左右。海拔 4000—5000 米为冰川流石滩，极少有植物生长。海拔 4000 米以下分布着干沟，覆盖着山坡残积物，并且有草原植被。

河西走廊高平原位于祁连山和走廊北山之间，为一狭长平原，东起古浪峡，西接新疆，绵延数千公里，海拔一般在 1000—2600 米，由东向西以大黄山、黑山为界，将走廊分成石羊河、黑河和疏勒河三大互不相连的内陆河流域，依次称为走廊东段、中段和西段。分布着武威盆地、张掖盆地、酒泉盆地、阿克塞盆地、玉门盆地及民勤—昌宁盆地、金塔—花海盆地、安西—敦煌盆地，是河西内陆绿洲农业区的主要地带，零星分布着沙漠，一般为沙岗、灌丛沙丘和新月形沙丘等。戈壁分布较广，以堆积型为主，局部还分布有盐沼。在河西走廊的山前地带，山区风化物形成一系列洪积扇群，较大河流形成广阔的冲积—洪积平原。随距出山口距离增加，地表物质依次由砾石向沙、砾过渡，较大的洪积扇边缘和较大河流的中下游分布有细土物质。从南北两侧山地冲刷而下的砂砾遍及整个走廊，在重力的作用下，冲积、洪积物呈明显的带状分布，多冲积扇平原。

走廊北山山地和阿拉善高原位于河西走廊的北面，龙首山、合黎山和马鬃山统称为走廊北山，呈西北—东南走向，是长期剥蚀的中低山和残山，为干旱山地。龙首山的主峰东大山海拔高 3617 米，马鬃山海拔高 2583 米，而合黎山主峰大青山海拔 2084 米。走廊北山山地的地貌作用以干燥剥蚀作用为主，其中北山已基本准平原化。

位于河西走廊以北的阿拉善高原地块呈三角形，基本呈东北—西南走向，

---

① 李海兵、杨经绥、许志琴等:《阿尔金断裂带对青藏高原北部生长、隆升的制约》，《地学前缘》，2006 年第 4 期，第 59—79 页。

南以龙首山断裂与河西走廊过渡带相邻，大部分海拔 1000—1500 米，著名的巴丹吉林沙漠和腾格里沙漠的一部分分布在这一地区，民勤—潮水盆地位于其东南部，北部是嘎顺卓尔，为整个区域内的最低地带。阿拉善高平原风力剥蚀作用显著，分布着大片沙漠、戈壁，在河流下游地区分布有绿洲、尾闾湖泊、盐池等。

第三节 气候特征

河西走廊位处欧亚大陆腹地，远离海洋，高山环绕于周围，流域气候主要受中高纬度的西风带环流控制和极地冷气团影响，气候区划上大部分地区属温带、暖温带大陆性气候，具有光照丰富、热量较好、昼夜温差大、干燥少雨、多风沙等特征。采用年干燥度划分气候区，河西地区可划分为祁连山高寒半干旱半湿润区，河西走廊冷温带干旱区和河西走廊西部暖温带干旱区。[①]

祁连山高寒半干旱半湿润区包括南部山区。这一区域冬季长而寒冷干燥，夏季短而温凉湿润，年平均气温低于 4 摄氏度，最热月 7 月平均气温 10—20 摄氏度，最冷月 1 月平均气温低于零下 12 摄氏度，年降水量 100—600 毫米。本区内地势高寒，热量不足，无霜期很短。气温由浅山地带向深山地带递减，雨量递增，高山寒冷而阴湿，浅山地带热而干燥。随着山区海拔的升高，各气候要素发生有规律的自下而上的变化，呈明显的山地垂直气候带。自下而上为浅山荒漠草原气候带、浅山干草原气候带、中山森林草原气候带、亚高山灌丛草甸气候带、高山冰雪植被气候带。

河西走廊冷温带干旱区包括除疏勒河下游谷地以外的其余地区。年平均气温低于 4 摄氏度，最热月 7 月平均气温 19—26.1 摄氏度，最冷月 1 月平均气温零下 8—零下 12.9 摄氏度，年降水量 35—200 毫米。本区域雨量稀少，气候干燥，光热条件较好，大风、干热风、霜冻等气象灾害较多。走廊平原自东向西各项气候指标变幅为年日照时数 2360—4000 小时、年太阳总辐射收入高达 120—155 千卡 / 平方厘米（1 千卡 =4185.85 焦），各种作物光合同化率高；

---

① 李栋梁、刘德祥等：《甘肃气候》，北京：气象出版社，2000 年，第 2—105 页。

年均温 6.6—9.5 摄氏度、大于等于 10 摄氏度年积温 2500—3500 摄氏度、无霜期 140—170 天，除满足一季农作物之需外，热量尚有结余，不少地方可以复种；年降水量 35—200 毫米，年蒸发量 2000—3500 毫米以上、干燥度 3.70（武威）—19.5（敦煌），相应发育的地带性景观为温带半荒漠至荒漠，发展农业全部依靠灌溉；大于等于 8 级大风日数年均 15.9（武威）—68.5（瓜州）天。

河西西部暖温带干旱区包括疏勒河下游谷地。年平均气温 8—10 摄氏度，最热月 7 月平均气温 24—26 摄氏度，最冷月 1 月平均气温零下 8—零下 13 摄氏度，年降水量低于 50 毫米。本区气候干燥，光热条件优越，风沙灾害严重。干旱和风沙是影响绿洲土地开发利用、危害农牧业生产的主要不利因素。兴修水利、防风固沙是本区土地开发的必要条件。

河西地区气候在南北方向上的差异更为明显，由南部山区的高寒气候过渡到走廊平原的干旱气候，再向北到阿拉善高平原干旱程度加剧，年降水量在 100 毫米以下，年蒸发量高达 3000 毫米以上，风沙活动更趋剧烈。[①]

冰川学家和气候学家秦大河等人利用古文献记录的气候信息，分析了中国近 2000 年来的气候演变，认为中国气候近 2000 年来有四个明显的暖期:1—209 年、570—779 年、930—1319 年（中世纪暖期）及 1920 到现在，三个明显的冷期:210—569 年、780—929 年及 1320—1919 年（小冰期），其中中世纪暖期和小冰期在西部地区表现不明显。[②]

姚檀栋、刘晓宏等利用祁连山中部树轮记录，建立了树轮宽度标准指数系列，研究了近 2000 年来的温度变化过程。由树轮轮宽指数序列所反映的温度变化可以看出，祁连山地区近 2000 年来温度在不断地波动变化，大致表现为南北朝初期气温较低，属冷期；南北朝中末期气温开始上升，进入暖期；隋朝

---

① 李并成:《河西走廊历史时期沙漠化研究》，北京:科学出版社，2003 年，第 9 页。
② 秦大河、丁一汇、苏继兰等:《中国气候与环境变化及未来趋势》，《气候变化研究进展》，2005 年第 1 期，第 4—9 页。

至中唐时期，气温降低，属冷期；晚唐、北宋时期，属于暖期；元朝总体来说属于冷期，但中间也有气温的波动上升阶段；明朝初期为暖期，之后气温开始降低，进入冷期（小冰期）；直到20世纪以来，气温开始逐渐上升，并有继续上升的趋势。

第四节 自然资源

一、太阳能、风能

太阳是一个硕大的能量宝库，太阳能与常规的能源相比较，有突出的优点。河西地区是我国的腹部，地处北温带干旱区，干燥少云，空气透明度高，日照时间长，太阳光能资源极其丰富，是我国日照时间最多的地区之一。根据《中国日照资料》统计：河西走廊的金塔、鼎新、安西（今瓜州）、玉门等地，日照时数大于 3360 小时 / 年，垂直辐射量为 150310—163370 千卡 / 平方厘米 / 年，日照率为 76%。敦煌、酒泉、民勤的年太阳总辐射在 5302—6672 兆焦 / （平方米·年）之间，属于太阳能资源较丰富的地区。在年内变化中，辐射量最大值出现在 5 月份，最小值出现在 12 月份。从其地域分布由西北向东南逐渐减少，季节分布为夏季辐射强、日照时数长，冬季辐射弱、日照时数短，春秋两季居中。[①] 河西走廊上空云系极少，透明度高，太阳能辐射量具有接收度好、长年稳定度高的优点，为开展太阳能利用提供了极有利的条件。

河西走廊的地貌是举世无双的。三条大山脉在东经 95°—105°、北纬 40°—45° 之间形成"纹杜里管"的喉部，高空盛行西风在此处产生一个"强区"。[②] "纹杜里管"的喉部，就是甘肃的河西走廊。由于高空盛行西风带，且此处受到青藏高原效应的影响，又因为塔克拉玛干大沙漠的瀚海效应，出现气

[①] 王尧奇、韦志刚：《河西地区的太阳直接辐射和大气透明度》，《气象学报》，1995 年第 3 期，第 375—379 页。

[②] 邓慎康：《甘肃省河西走廊的太阳能及风能资源初步考察报告》，《合肥工业大学学报》，1980 年第 3 期，第 74 页。

象学上著名的"于田式"反气旋，因此在走廊的西北部造成一个强风区，如瓜州县就以"风库"闻名于世。据中国科学院动力研究室研究，我国可利用的风力资源约为 10 亿千瓦，河西地区是开发、利用风能的理想场所。

河西地区年平均风速的地域分布情况是西北部大、东南部小。除河西中部和东部的部分地区外，其余各地年平均风速在 3 米/秒以上，乌鞘岭虽处在东南部，但由于其海拔较高，年平均风速达 5.1 米/秒，是河西地区年平均风速最大的地方；凉州区年平均风速只有 1.8 米/秒，是河西地区年平均风速最小的地方，且风速年际变化小。[1]

综合分析甘肃省气象资料可知，河西走廊西北部温带干旱区，如民勤、张掖、武威、酒泉、山丹及天祝等地，都有开发、利用太阳能及风能的条件。这些地区正是河西走廊的"富庶之地"，"金张掖、银武威"之说，已为人所周知。这一点正说明，利用风能和太阳能资源发电，提供动力，开发地下水以资灌溉，促进畜牧、工、农业生产是非常有优势的。[2]

二、土壤与植被

河西地域辽阔，位处我国三大自然区——东南季风区、蒙新高原区、青藏高原区的交会处，自然条件复杂，形成以山地土壤、荒漠土壤、绿洲灌溉耕作土壤为主的各类土壤。在走廊中部、北部地区，尤以地带性的灰漠土、灰棕漠土、棕漠土、风沙土等荒漠土壤所占面积较大。河西绿洲耕作历史悠久，由于长期灌溉、施肥、培土的影响，在原有土壤上层形成了一层厚 1—2.5 米的灌溉堆积层，土质细腻肥沃，适于农耕。[3]

---

[1] 杨晓玲、丁文魁、董安祥等：《河西走廊气候资源的分布特点及其开发利用》，《中国农业气象》，2009 年第 30 卷，第 4 页。

[2] 邓慎康：《甘肃省河西走廊的太阳能及风能资源初步考察报告》，《合肥工业大学学报》，1980 年第 3 卷，第 74 页。

[3] 李并成：《河西走廊历史时期沙漠化研究》，北京：科学出版社，2003 年，第 9 页。

河西走廊生态环境多样，植被类型具有中纬度带山地和平原荒漠植被的特征，属温带荒漠植被带东部和荒漠草原带西部相衔接的地带。河西地区植被以荒漠植被为主，植被稀疏，结构简单，种类较少。地带性植被主要由超旱生灌丛、半灌丛砾质荒漠和超旱生灌丛沙质荒漠组成。北部山区以沙生针茅为主，伴生少量短叶假木贼和合头草，或以短花针茅为主，伴生驴驴蒿、旱生蒿等，在龙首山海拔较高处出现紫花针茅草原，阴坡残存青海云杉林。剥蚀残丘和低山砾漠区植被稀疏，种类单一，以合头草和短叶假木贼为主。山前冲积、洪积沙砾戈壁滩区，西部以琐琐荒漠为主，向东以红砂、泡泡刺、戈壁麻黄为主，酒泉以东则是以红砂、珍珠为主的荒漠。固定、半固定沙漠地区植被以白刺和柽柳为主。流动沙丘地区植被极为稀疏，丘间低地植被较多，以蒿类为主。湖盆地下水位较高地区主要植被以芨芨草为主，或以芦苇、苏枸杞、苦豆子、甘草为主的盐生草甸。[①] 中心积水沼泽区主要以芦苇、水烛、阔叶香蒲为主。河流下游分布有少量胡杨、尖果沙枣为主的天然林。河流中下游地区分布有大片人工绿洲。整个山区有较好的山地垂直植被带。东祁连山属于寒温性针叶林草原区，海拔 1500—1900 米为荒漠带，海拔 1900—2300 米为地荒漠草原带，海拔 2300—2600 米为山地草原带，海拔 2600—3400 米为山地森林草原带，阳坡多为草甸草原或草原，残存少量祁连圆柏块林，阴坡分布青海云杉林或与油松、山杨、桦树的混交林；海拔 3600—3900 米为高山草甸带，海拔 3900—4200 米为高山寒漠带，植被稀疏；海拔 4200 米以上为冰川和永久积雪带。西祁连山和阿尔金山属半灌木荒漠草原区。海拔 2400—2600 米为山地荒漠带，海拔 2600—2900 米为山地半荒漠带，海拔 2900—3600 米为山地草原带，海拔 3600—4000 米为亚高山灌丛草原带，海拔 4000—4500 米为高寒漠带，海拔 4500 米以上为冰川和永久积雪带。[②]

---

① 程弘毅:《河西地区历史时期沙漠化研究》,兰州大学博士学位论文,2003 年,第 50 页。
② 程弘毅:《河西地区历史时期沙漠化研究》,兰州大学博士学位论文,2003 年,第 50 页。

三、河西地区三大内陆河

河西地区全境均属于内流区，因其境内降水稀少，主要河流大都源自祁连山—阿尔金山山地的降水与冰雪融水，发源于祁连山山区的河流流出山口后，汇集成三大内陆河水系，即石羊河、黑河和疏勒河，最后流入内陆湖泊或消失于沙漠戈壁之中。

石羊河位于河西走廊东段、祁连山北麓，东以乌鞘岭、毛毛山、老虎山与黄河流域为界，西以大黄山、马营滩与黑河流域为界，是甘肃省河西走廊内流水系的第三大河，古名谷水。行政区划上包括金昌市，武威市凉州区、民勤县、古浪县及天祝县的一部分，还有张掖市肃南县及山丹县的部分区域。石羊河发源于祁连山脉东段冷龙岭北侧的大雪山，上游祁连山区降水丰富，有 64.8 平方千米冰川和残留林木，是河水源补给地。中游流经走廊平地，形成武威和永昌等绿洲，灌溉农业发达。下游是民勤绿洲，终端湖如白亭海及青土湖等近期均已消失。大靖河、古浪河、黄羊河、杂木河、金塔河、西营河、东大河、西大河、洪水河、白塔河、南沙河、北沙河、金川河等主要支流，汇集而成石羊河，过红崖山注入尾闾湖泊——青土湖。现红崖山筑有红崖山水库，水库以下河水入渠灌溉，原有河床和尾闾湖泊早已干涸。大靖河出山后消失于腾格里沙漠；西大河经西金干渠、金川峡水库灌溉金川灌区，已不汇入石羊河干流。石羊河流域现建有景电二期民勤县延伸调水工程和引硫济金等跨流域调水工程。石羊河全长 300 余千米，流域总面积约 4.16×10^4 平方千米。多年平均河川径流量 15.914×10^8 立方米，水资源总量 17.239×10^8 立方米。[①]

黑河是我国西北地区第二大内陆河，位于河西走廊中部，介于东经 98°—101°30′、北纬 38°—42° 之间，全长 928 千米，流域面积 14.3 万平方千米。多年平均河川径流量 38.06×10^8 立方米，水资源总量 41.454×10^8 立方米。[②]黑

---

① 《甘肃年鉴》：北京：中国统计出版社，2021 年，第 236 页。
② 《甘肃年鉴》：北京：中国统计出版社，2021 年，第 236 页。

河发源于南部祁连山区，分东西两支，东支为干流，上游分东西两岔，东岔俄博河又称八宝河，源于俄博滩东的锦阳岭。西岔野牛沟，源于铁里干山，东西两岔汇于黄藏寺折向北流。黑河干流从祁连山发源地到尾闾居延海，以莺落峡、正义峡为界，分为上、中、下游，跨越三种不同的自然地理环境。出山口莺落峡以上为上游，属青海省祁连县，河道长 313 千米，两岸山高谷深，水能资源丰富，气候阴湿寒冷，年降水量 350 毫米，是黑河流域的产流区；莺落峡至正义峡为中游张掖绿洲，属甘肃山丹、民乐、张掖、临泽、高台、肃南、酒泉等市县，河道长 204 千米，两岸地势平坦，光热资源充足，年降水量仅有 140 毫米，蒸发量达 1410 毫米，是黑河径流的主要利用区。正义峡以下为下游，属甘肃金塔和内蒙古自治区额济纳旗，河道长 411 千米，除黑河沿岸和居延三角洲外，大部分为沙漠戈壁极端旱区，是黑河径流消失区。

疏勒河古名籍端水。水系源自疏勒南山和陶勒南山之间的沙果林那穆吉木岭，西北经音德尔达坂东北坡转北流，穿大雪山、托来南山间峡谷，经昌马盆地，入河西走廊。出昌马峡以前为上游（昌马堡至玉门镇段，当地称为昌马大河），水丰流急，昌马堡站平水年年均流量 24.8 立方米 / 秒，年径流量 7.81 亿立方米。出昌马峡至走廊平地为中游，向北分流于大坝冲积扇面，有十道沟河之名。经玉门市后，东支入花海盆地，注入干海子。西支折向西流，纳踏实河、党河等，注入哈拉湖，尾闾为间歇性河道，消没于新疆东部边境的盐沼之中。另疏勒河以东有源自照壁山的断山口河、白杨河、石油河等北流注入花海盆地，也属于疏勒河水系。现各支流已基本上和干流失去地表水联系而成独立水系。疏勒河干流全长约 550 千米，流域总面积约 4.13×10^4 平方千米。多年平均河川径流量 16.44×10^8 立方米，水资源总量 17.593×10^8 立方米。

河西地区的河流作为内陆河一个最为独特的水文现象是地表水和地下水多次转化和重复利用。河流出山后，流入山前冲积扇，一部分被引入灌溉渠系和供水系统，消耗于农、林业的灌溉以及人畜饮用水、工业用水；其余则沿河床下泄，并沿途渗入地下，补给了地下水。被引灌的河水，除作物吸收蒸腾、渠系和田间蒸发外，相当一部分下渗补给了地下水，地下水以远比地面平缓的水面坡度向前运动，在细土平原一带出露成为泉水，或者再向前回归河流，或者再被引灌，连同打井抽取的地下水，再进行一次地表、地下水转化。水资源多次转换并被多次重复利用的同时，也增加了无效消耗的次数和数量。[①]

四、矿产

河西地区地质构造复杂，成矿条件优越，矿产资源非常丰富，种类较多，是有色金属（镍、铜、钴、铂族、钨）、黑色金属（铁、铬、钒）以及贵金属（金、银）、石油与化工原料（芒硝、重晶石、磷）等矿产的主要聚集区。截至目前，全区发现的矿种就有61个，占甘肃省发现矿种数量的60%，其中武威境内发现黑色金属（铁、锰、钒、钼）、有色金属（铜、铅、锌、镍）、贵金属（金、银）、稀土（镧、铈）、能源（煤炭、油页岩）、化工（芒硝、湖盐、磷、重晶石、硫铁）、建材（石膏、石灰岩、沙石砾料、砖瓦黏土）、冶金辅料（白云岩、萤石、石英岩）及其他非金属矿产（石墨、高岭土、滑石、水晶）、地热、矿泉水等10类，共36个矿种。有色、金属镍、钴、铂族及铸型黏土保有储量居全国首位，黑色金属、化工及建材矿产铁、铬、钡、钨、金、铍、菱镁矿、萤石、钾盐、芒硝、石棉、石膏、膨润土等近30种矿产的保有储量约占全省探明矿种数的70%。各类矿床约占全省矿床总量的50%。其中大、中型矿床约占全省同类矿床总量的一半以上。主要矿产保有储量潜在价值占全省总数的44%。[②]

河西地区矿产资源在分布上呈聚集带（片）分布的格局，优势矿产资源空

---

① 程弘毅:《河西地区历史时期沙漠化研究》，兰州大学博士学位论文，2003年，第47页。

② 孟开、苏文:《河西矿产资源的开发保护和科学利用》，《发展》，1998年第2期，第16页。

间分布相对集中，少矿种探明储量集中分布在一两个重要矿床中，如金川地区的铜、镍矿储量占全国总储量的 70%、甘肃省镍矿储量的 100%、甘肃铜矿储量的 80%，位居世界第二位，并伴有铂族、金等 10 余种稀贵金属。河西地区铁矿储量占全省的 76%，其中酒泉地区镜铁山大型铁矿保有储量 3.94 亿吨，占甘肃省保有储量的 52.9%，约占河西地区的 70%，是我国西北地区大矿之一。肃北大道尔吉铬铁矿和民乐童子坝亦是铬铁矿主要分布区，矿石中伴生有铂、锇、钌、铱等元素。北祁连西段地勘已被列为国家的跨世纪勘查工程，主攻矿种为金、铜、铅锌、钨、铬、金属等。财源型矿产，如金、银、铂族、宝石，有很大的发展潜力，瓜州县已成为甘肃首批产"黄金万两县"之一。河西地区小型矿床及产地分布广泛，便于地方进行开发。另外，大多数金属矿床，特别是大、中型金属矿床均存有多种有益的共伴生成分，构成复杂的综合矿床，使矿床具有较高的经济值和开发价值。截至 2012 年，武威已发现的各类矿床和矿点 100 余处，其中煤炭探明储量 16.6 亿吨，油页岩储量 8.8 亿吨，芒硝储量 0.08 亿吨，石膏储量 9.8 亿吨，石灰岩储量 4.02 亿吨，石墨储量 0.04 亿吨。[①]

河西地区石油储量占全省的 34%，主要分布在玉门地区。玉门油田是我国最早发现和开发的油田之一，是中国第一个石油工业的基地，但大部分油田开发已近后期，需要寻找新的储油构造。

五、野生动物

整个河西走廊地处大陆内部，气候为大陆性气候，其特点是温差大，冬天寒冷而漫长，少雨多风沙，植被稀疏，这种生态条件使走廊珍稀兽类的种类组成和生态具有特色。以酒泉为界可分为两部分，酒泉以东为走廊东部，以西为走廊西部。

---

① 《甘肃年鉴》：北京：中国统计出版社，2021 年，第 236 页。

走廊东部，自乌鞘岭以西至酒泉山麓平原地带，地势开阔平坦，绿洲灌溉农田面积较广阔，为甘肃省的产粮区。这里主要是荒漠半荒漠景观，还有戈壁和沙漠，环境多样。这里植被稀疏，以旱生、沙生、盐生植物为主，如红柳、梭梭、花棒、沙拐枣、泡泡刺、骆驼刺、白刺、红砂、盐爪爪、麻黄等，还混生着禾本科植物，如沙生针茅、短花针茅、戈壁针茅及蒿类等。这种严酷的生态环境，生活着种类贫乏的珍稀兽类，加之农业生产活动的影响，种类很少。① 在荒漠、半荒漠地区生有沙狐、荒漠猫、兔狲；在山麓平原半荒漠地区生存着艾鼬和黄羊。在亚洲最大的沙漠水库——民勤县红崖山水库，大天鹅、灰鹤、白琵鹭、黑鹳、白尾海雕、大雁、海鸥、赤麻鸭等十多种、数万只候鸟飞抵石羊河下游的红崖山水库越冬，数量逐年递增，成为大漠水库的一道靓丽风景。

走廊西部地势较低，一般在海拔1100—1200米之间，年平均气温较高，但年较差及日较差高于走廊东部，年降水量也少，如敦煌年降水量不足50毫米。广大的面积被荒漠、戈壁、沙漠所占据，绿洲灌溉农田面积比东部小。由于气候干旱，植被稀疏，结构简单，种类贫乏，常见的植物有红砂、沙米、沙芥、麻黄、泡泡刺、沙拐枣等。在祁连山山麓平原地势低的地段，分布着芨芨草，广大的面积被戈壁占据，同样北山山麓平原地带亦是戈壁。在不同的生态环境中分布着不同种的珍稀兽类。这些环境要素相互作用，相互渗透，使该地区具有独特的生态环境特点，且生活着稀有珍贵动物——野骆驼，它分布在阿尔金山山麓平原半荒漠生态环境，同时还有成群的驴和黄羊在这里活动。在荒漠戈壁和草甸上，有赤狐、沙狐、荒漠猫、草原斑猫和兔狲等野生动物，构成了特殊的环境景观。②

河西地区的动物地理区划属于古北界的蒙新区，主要分布着荒漠动物群和

---

① 陈钧：《河西走廊地区珍稀兽类与环境》，《自然资源》，1997年第5期，第78页。

② 陈钧：《河西走廊地区珍稀兽类与环境》，《自然资源》，1997年第5期，第79页。

荒漠绿洲动物群等；南部祁连山—阿尔金山山地属于青藏区，有高地森林草原动物群和高地草甸草原动物群等。[①]

六、森林

祁连山山系北麓的高中山地和山系南麓东部的高中山地，是河西地区水源涵养林的集中分布区，分属内陆河及黄河两大水系，被划定为国家级森林和野生动物自然保护区。祁连山森林是河西绿洲的心脏，在甘肃乃至西北的政治、经济、文化、生态环境建设中有着举足轻重的作用。林区总面积265.3万公顷，其中有林地14.19万公顷，疏林地0.76万公顷，疏林地2274.5万立方米，森林覆盖率17.3%，森林生态圈主要由青海云杉林、圆柏林、高低山灌木林等生态系统组成。林区内分布高等植物104种，国家重点保护植物4种，动物53种，是我国西北地区重要的物种库和遗传基因库。[②]

祁连山的作用，古人早有很多赞语，如史料记载："雪山千仞，松山万本，保护水土，涵源吐流。"可以说，没有祁连山的森林，就没有祁连山的水，就没有闻名遐迩的丝绸之路，更没有今天富饶美丽的千里河西走廊。祁连山森林植被以其特有的森林作用、生物贮水与调节功能，一方面捍卫着高山"冰源水库"的安全，另一方面使山区降水、地下水和冰雪融水形成的径流，通过山地森林的拦截与调解作用，形成了以石羊河、黑河、疏勒河三大内陆河为主的56条河流，成为河西地区的生命之源。祁连山水源涵养林具有显著的生态效益，是西北乃至华北地区的主要生态屏障，具有蓄水保土、净化空气、调节气候、防风固沙等多种生态功能。祁连山水源涵养林也是各类野生动植物栖息、繁衍的场所，是生物种源库和物种遗传基因库。其独特而典型的自然生态环境

---

① 程弘毅：《河西地区历史时期沙漠化研究》，兰州大学博士学位论文，2003年，第51页。

② 周秉年：《祁连山森林保护与建设的思考》，《当代生态农业》，2002年第2期，第45页。

和野生动植物区系在保持生物多样性及科学研究方面具有极为重要的价值。但由于历史、自然、地理等因素，祁连山森林生态系统面临着森林植被和上游水量减少、森林垂直带上移、森林大面积减退、森林生态系统边缘缺少过渡带等问题。加上当地干旱少雨，使河西地区内陆河下游的武威、民勤、张掖等地区的植物枯死，植被覆盖率下降，水土流失，土地荒漠化严重，导致沙尘暴等自然灾害频发。

位于甘肃省武威市天祝藏族自治县西南部的三峡国家森林公园，深处祁连山腹地，由朱岔峡、金沙峡、先明峡三峡构成，总面积138706公顷，森林覆盖率达58%，是甘肃省面积最大的国家森林公园，也是河西走廊唯一的国家森林公园。其丰富的森林与物种资源，是我国干旱地区生物多样性和西北物种资源的重要基因库。天祝的森林植被和生物多样性对河西乃至甘肃的生态系统平衡具有重大的影响，冰川雪山和水源涵养林对河西地区生态修复和人居环境的改善起着重要的保障作用。近几年来，由于受全球气候变化的影响，山区气候趋于干旱，雪线逐年上移，冰川不断退缩，森林植被受损，高山草甸退化，山谷径流减少，生物多样性下降，局部地区水土流失，土地沙化，经济发展与生态保护的矛盾加剧。

第五节　人文经济社会发展

河西地区地跨甘肃省河西五市和内蒙古自治区阿拉善盟，分别属于甘肃省武威市凉州区、古浪县、民勤县、天祝藏族自治县，金昌市金川区、永昌县，张掖市甘州区、民乐县、山丹县、临泽县、高台县、肃南裕固族自治县，嘉峪关市，酒泉市肃州区、金塔县、瓜州县、肃北蒙古族自治县、阿克塞哈萨克族自治县、玉门市、敦煌市，内蒙古自治区境内属阿拉善盟阿拉善右旗和额济纳旗。河西五市总面积约 25×10^4 平方千米，占甘肃省总面积的72%。从人口分布来看，河西地区地广人稀，民族多样，除汉族之外，还有蒙古族、藏族等50个少数民族。汉族遍布全区，广泛分布在各主要城镇和绿洲区域，回族散居在各地，蒙古族主要分布在内蒙古自治区和甘肃省酒泉市肃北蒙古族自治县，藏族主要分布在祁连山区，裕固族主要分在甘肃省张掖市肃南裕固族自治县，哈萨克族主要分布在甘肃省酒泉市阿克塞哈萨克族自治县。[①]

河西地区的经济发展在全国范围内尚处于落后地位。2021年，甘肃省河西五市国内生产总值2644.3亿元，其中第一产业513亿元，第二产业1035.8亿元，第三产业1095.4亿元。内蒙古自治区阿拉善盟2021年国内生产总值363.6亿元，其中第一产业26.17亿元，第二产业214.52亿元，第三产业122.89亿元。从甘肃省河西五市的产业结构来看，三大产业结构发生了变动：第一产业、第二产业和第三产业的生产总值比重分别由2010年的15.4%、

---

① 程弘毅：《河西地区历史时期沙漠化研究》，兰州大学博士学位论文，2003年，第53页。

55.7% 和 28.9% 转变为 2021 年的 19.4%、39.2% 和 41.4%。[①] 第一产业小幅度上升，第二产业比重明显下降，第三产业比重明显上升。

一、工业

河西地区工业结构以重工业为主，轻工业的比重低于甘肃，更低于全国的平均水平。在河西的 5 个地市中，武威市矿产资源较丰富，主要以煤炭和非金属类矿产为主。已发现煤、铁、稀土、石墨、芒硝、石膏、重晶石、普通萤石、建筑用砂、建筑用石料和砖瓦用黏土等各类矿产 45 种，占全省已发现矿种数的 37.82%。武威市建立产业链链长制，培育"链主"企业，全方位壮大以"龙头企业＋骨干企业＋配套中小企业"为支撑的产业集群，统筹新能源开发和产业链构建，推动重点产业高端化、智能化、绿色化发展。

有"河西咽喉、丝路孔道"之称的金昌市，因盛产镍被誉为"中国的镍都"。境内已探明矿种 38 种，以镍、铜、钴和铂族贵金属为主的金川硫化铜镍矿床，在世界同类矿床中镍储量居世界第三、亚洲第一；与镍铜伴生的铂、钯、铱、钌、铑等稀贵金属储量居全国之首，铜、钴矿产储量居全国第二。风能、太阳能资源丰富，可开发风光电规模约 1500 万千瓦。金昌市坚持强龙头、补链条、聚集群，聚焦"2+4"产业链，全力打好产业基础搞计划、产业链现代化攻坚战，推进工业强市，深化市企融合一体化高质量发展。

酒泉是敦煌艺术的故乡、中国航天事业的摇篮、全国首座千万千瓦级风电基地、我国石油工业和核工业的发祥地、"铁人"王进喜的故乡和"铁人精神"发源地，有丰富的风能和太阳能，境内的瓜州、玉门素有"世界风库"和"世界风口"之称。全市可用于风光资源开发利用的戈壁荒滩面积约 9.7 万公顷，风能资源理论储量 2 亿千瓦，太阳能理论储量 23 亿千瓦。境内和周边分布着玉门石油管理局、酒泉钢铁公司、四〇四核工业城等一批国有重点大中型企

---

① 数据来自《甘肃省统计年鉴（2010—2022）》。

业。酒泉市坚持以资源换装备、互保共建互为市场，大规模开发新能源，聚力发展现代化工产业，打造"工业强市"。

素有"塞上江南""金张掖"之美誉的张掖，是全省以钨钼、铜、金、铁、煤、黏土、钾盐等矿种为主的金属、非金属矿产集中区和水能、光能、风能开发区。蓄势赋能生态工业，快速发展新能源、新材料、特色农畜产品加工、精细化工等优势产业，以综合能源、新材料和农产品精细加工为重点，落实"强工业"行动，谋划实施工业突破发展三年行动。

嘉峪关是长城文化和丝路文化的交会点，城市的中西部多为戈壁，是市区和工业企业所在地。嘉峪关市以"冶金—循环经济—装备制造"和"光伏发电—电解铝—铝制品加工"两条千亿级产业链为支撑，依托酒钢公司、中核四〇四、东兴铝业等链主企业，通过创新强链、项目延链、招商补链，加快构建现代产业高质量发展体系。

阿拉善盟地处内蒙古自治区最西部，西与甘肃省相连，东南与宁夏回族自治区相连，北与蒙古国相接，阿拉善盟矿产资源富集，现已探明的矿藏有86种，其中有开发利用价值的有54种，现已开采的有40种。分布规律为东煤炭、西萤石、南多磷、北富铁、中部建材石墨盐碱硝。阿拉善盟成规模的工业园区主要有乌苏图工业园区、腾格里工业园区、吉兰泰镇。

二、农业和畜牧业

河西地区拥有悠久的农业灌溉历史，可以追溯到汉唐时期，是全省乃至西北地区最重要的绿洲农业区，也是中国十大商品粮基地之一。河西地区深处内陆，绝大部分属于干旱荒漠气候，对农牧业生产的限制很大。但本区太阳辐射强，一年四季晴天多，年辐射量平均达140千卡/平方厘米，辐射量最大的地区达160千卡/平方厘米，有利于农作物的生长。日照充分，全年日照时间大多在3200—3600小时，有利于促进农作物的光合作用、增加营养物质的积累。因此，河西地区大规模地发展了日光温室生产蔬菜，并在这一基础上高度重视质量的提高，广泛推广名、优、新、特品种，使日光温室在品种优化、茬口搭配合理化方面有了突破性进展。以农业著称的城市主要有武威市、张掖市和酒泉市。农作物主要有大麦、谷子、枸杞、玉米、高粱、马铃薯、油料、棉花、亚麻和瓜类等。武威市"牛、羊、猪、禽、果、菜、菌、草"八大优势主导产业成为农业增效、群众增收的重要支撑。酒泉市以"加大科技投入、培育特色农业"的发展策略发展生态农业。张掖市采取"走出去学、请进来教、留下来帮"的办法，与院校和科研单位建立高新技术产业示范基地。

河西地区丰富的草地资源及多样的草原类型为草食动物提供了丰富的饲草料，养育了种类繁多的动物资源，如山丹马营滩自古即为著名的军马场。天祝草原是世界上唯一的白牦牛产地。肃南皇城草原被藏族史诗《格萨尔》誉为"黄金莲花草原"，培育出了著名的甘肃高山细毛羊。山丹大马营草原培育出了蜚声中外的山丹马。盐池湾、哈尔腾、鱼儿红等广袤的草原成为野生动物的乐园，栖息着白唇鹿、西藏原羚、野驴、野牦牛、天鹅、棕熊、黑颈鹤、雪豹、鹅喉羚等国家一、二级保护动物。

科学合理地利用河西走廊草地资源，大力发展现代草业和草食畜牧业，正在成为一个强劲的新的经济增长点，为国家生态安全、社会生产力的提高和综合国力的增强做出新的贡献。

三、旅游业

河西走廊是古丝绸之路的重要地段，文物古迹星罗棋布，自然景观别具一格。其所有各类旅游资源占全省总数的 30% 以上。人文类旅游资源以敦煌石窟艺术、嘉峪关雄关等为代表，其中 6 处属国家级文物保护单位，25 处属省级文物保护单位。自然景观类旅游资源，以敦煌鸣沙山、月牙泉、张掖七彩丹霞、祁连山自然保护区为代表，5 处属国家级文物保护单位（自然保护区），15

处属省级文物保护单位（自然保护区）。[①] 再加上冰川、草原和沙漠等独特的西部自然风光，真可谓丰富多样。河西走廊独特的民族风情也是构成其旅游资源的重要部分。区内兰新铁路、G30高速、国道312和国道215等贯穿而过，便利的交通运输促进了河西地区的经济发展。

河西地区的经济在中华人民共和国成立后，特别是改革开放以来取得了巨大发展。农牧业生产条件得到了极大改善，特别是"三西建设"的实施，国家在河西各地市投入了大量的专项建设资金，建成一批水利设施，扩大了耕地面积，提高了农牧业现代化水平，已建成国家级商品粮基地。工业方面，建成了一批骨干国有大中型企业，形成了有色、钢铁、石油、航天等重要工业基地。文化旅游资源独具特色，悠久的历史留下了丰厚的文化遗产，富集除海洋以外所有的地貌景观，雪山冰川、森林草原、绿洲田园、大漠戈壁，各种独特的自然景观与历史文化、民族风情，构成了一幅美丽的画卷。城市化水平大大提高，交通、邮电、科技、教育等事业取得很大发展。但整体上河西地区的经济发展仍以资源密集型为特征，传统型的农牧业占有重要份额，工业以能源、矿产资源等的开发为主，资源利用深度和广度有待挖掘和开拓。

---

① 李兴江、刘澈元:《甘肃河西区域经济发展模式研究》,《兰州铁道学院学报（社会科学版）》, 2001年第2期, 第26页。

第二章

汉代河西地区生态变迁及生态文化

河西地区在战国末秦汉初期还处于原始的未开发状态，加之人口稀少，当时的生态环境还很优越。汉武帝时期，经过三次战役，将匈奴赶出了河西，河西正式归属汉朝，汉朝的版图进一步扩大。张骞通过河西地区前往西域，实现了"凿空"，加强了汉朝和西域各国的政治文化交流。此后，河西地区成为"丝绸之路"的必经之地，闻名于世。汉朝对河西地区的开发，其主要方式有移民驻军、屯田开垦、进行大规模的边防军事建设等。据史料记载，东汉后期河西地区已经有了沙漠蔓延的迹象，这个结果应该是长期不合理开发造成的，从汉武帝开发河西开始到东汉末年，河西地区生态环境逐渐被破坏。后世出土的汉简记载了汉代河西地区官民对当地生态环境的保护和管理。

第一节 汉代河西地区生态环境的变迁

西汉武帝时期，河西正式归入汉朝的版图。鉴于河西隔绝羌胡，保秦陇、斥西域的重要军事地理位置，汉朝通过设郡置县、移民实边、修筑边塞、驻军屯守等措施，开启了大规模开发经营河西的序幕。历经东汉、三国魏晋南北朝至隋唐的经略，河西地区的生产生活方式、经济形态、居民结构等都发生了根本性的变化，河西也逐渐成为西北经济较为发达的经济区，人与自然的互动进入一个更为频繁的时期。

一、汉代河西地区河流水源充沛，支流密布

河西地区有三条较大的内陆河，即石羊河、黑河以及疏勒河。汉代时期这三条河流水源充沛，径流量大。三条河流，包括一些支流，它们流至下游后汇聚成巨大的湖泊。《尚书·禹贡》载："源隰底绩，至于猪野。"《水经注·地理志》载："谷水出姑臧南山，北至武威入海，届此水流两分，一水北入休屠泽，俗谓之为西海；一水又东经百五十里，入野猪，世谓之东海。通谓之猪野矣。"即石羊河的下游就是现在民勤县东北的猪野泽。《汉书·地理志》张掖郡载："羌谷水出羌中，东北至居延入海。"即黑河下游在现在内蒙古额济纳旗东北汇集成居延海。《汉书·地理志》敦煌郡冥安县载："南籍端水出南羌中，西北入其泽。"即疏勒河中游在现在玉门镇以北至双塔水库以东的地区形成了水域浩瀚的冥泽。《汉书·地理志》记载敦煌郡龙勒县"有阳关、玉门关，皆都尉治。氐置水出南羌中，东北入泽"，即属疏勒河水系的党河，下游在阳关和玉门关以西形成尾闾湖。

居延海中盛产鱼类，据居延汉简《候粟君所责寇恩事册》记载，东汉光武

帝建武三年（27 年），甲渠令史华商、尉史周育让寇恩替粟君"载鱼五千头"运到张掖售卖，"卖鱼尽，钱少，因卖黑牛，并以钱卅二万付粟君妻业"，即经过长途运输之外，这五千条鱼除了死伤，所卖将近三十二万钱。捕捞数量如此之大，可见当时居延海海域之广。这说明当时居延海水量充沛，周围生态环境优越。正所谓"大河无水小河干"，石羊河、黑河、疏勒河及其注入的猪野泽、居延海以及冥泽丰沛的水量，说明这几条河流也拥有一定数量而且流量不小的支流。

从史籍记载来看，汉代河西地区水源比较丰富。《十三州志》云："玉门县置长三百里，石门周匝山间，裁经二十里，众泉涌入延兴。汉罢玉门关屯，徙其人于此，故曰玉门县。""众泉"说明此地水源丰富；同书亦云："福禄城，谢艾所筑，下有金泉，味如酒。有人饮此泉水，见有金色从山中照水，往取得金，故名。"同书还云："渊泉，县名，地多泉水，故以为名。在今（永）（瓜）州晋昌县北。"《凉州异物志》也云："县泉水，一名神泉，在酒泉县东一百三十里，出龙勒山腹。汉贰师将军李广利伐大宛还，士众渴，乏水，广利乃引佩刀刺山，飞泉涌出，三军赖以获济。"李正宇先生对这条史料进行了校正，文中的酒泉应该是敦煌，而龙勒山应该是悬泉山。这说明汉代悬泉附近水资源丰富。

二、汉代河西地区森林分布广泛，物种丰富

河西走廊依靠祁连山雨雪水汇聚而成石羊河、黑河和疏勒河三大内陆河水系，有辽阔的森林、广袤的草地以及由这些绿色生命组成的绿洲。自战国至汉初，河西地区居住着乌孙、月氏、匈奴等民族。他们依靠当地森林、草原、内陆河水过着逐水草而居的游牧生活。汉武帝派霍去病收复河西后，匈奴人悲歌一曲："亡我祁连山，使我六畜不蕃息；失我焉支山，使我嫁妇无颜色。"忧伤怀念之情溢于言辞，足见河西森林、草原之丰腴。

20 世纪以来，河西地区出土了大量简牍，该简牍记载的资料反映了汉代河西地区政治、经济、军事、文化等各个方面的情况，其中还包括大量反映当时生态环境状况的资料。以下反映汉代生态环境的简牍资料主要来源于《居延

汉简释文合校（上、下）》①《居延新简 甲渠候官与第四燧》②《敦煌汉简释文》③；另外还引用 1992 年敦煌悬泉遗址所出的墙壁题记《使者和中所督察诏书四时月令五十条》，其内容主要见于《敦煌悬泉月令诏条》④。

（一）汉代河西地区树木种类繁多

汉武帝开始开发河西之时，那里的森林尚处于原始状态，几个民族的争战对河西环境并没有造成巨大破坏。关于这一点，我们也可以从汉简资料中得到佐证。在相应的汉简记载中，我们首先可以发现，此地树木种类繁多。如简：

①荆棘杏梓不吉☑　　　　　　　　　　　　　（E.P.T65:165B）
②☑七匮检部一以松若荻广三寸三☑　　　　　（E.P.T5:88）
③第十二隧长张宣乃十月庚戌擅去署私中部辟买榆木壹宿（82·2）
④高榆来楔榆駍蝉木者口因事政为　　　　　　（2179 B）
⑤候官谨案亭踵榆梜十树主谒　　　　　　　　（2139）

由汉简记载得知，当时河西地区所种植的树木主要有柏、松、柳、榆、槐、桑、等。

---

① 谢桂华、李均明、朱国照：《居延汉简释文合校（上、下）》，北京：文物出版社，1987 年。简文符号为阿拉伯数字，如 34.16。文中所引简文只注简号，不注出处，在此一并说明。此外，简文不可辨识者用□表示，残字可利用各种方法补出者，补出的字外加［　］，有墨迹而残缺的字数无法确知者用……表示。行文残断处用☑表示。有封泥空隙用□表示。对于原拼合者造成的失误，释文将调整了行次的文字外加【　】表示。释文中取消了原有的重文号，改为直接写出所重的文字。至于其他的符号，如句首、行首的·及■、●等，皆予以保留。

② 甘肃省文物考古研究所等编：《居延新简 甲渠候官与第四燧》，北京：文物出版社，1990 年。简文符号为大写英文字母加阿拉伯数字，如 E.P.T4:21。

③ 吴礽骧等释校，甘肃省文物考古研究所编：《敦煌汉简释文》，兰州：甘肃人民出版社，1991 年。简文符号为阿拉伯数字，如 368。

④ 中国文物研究所、甘肃省文物考古研究所：《敦煌悬泉月令诏条》，北京：中华书局，2001 年。

（二）河西地区木材被允许自由买卖

①尉史并白

　　教问木大小贾谨问木大四韦长三丈韦七十长二丈五尺韦五十五

　　●三韦木长三丈枚百六十橡木长三丈枚百长二丈五尺枚八十册

　　梜椠　　　　　　　　　　　　　　　　（E.P.T65:120）

②受叩头言

　　子丽足下□白过客五人□不□叩头叩头谨因言子丽幸

　　　许为卖材至今未得蒙

　　恩受幸叩头材贾三百唯子丽□□决卖之今霍回又迁去

　　　唯子丽

　　　□□□　　　　　　　　　　　　　　（142·28A）

③必为急卖之子丽校□□□□必赐明教叩头幸甚幸甚谨

　　　□□□

　　奉钱再拜子丽足下钱当□节□　张君长　　（142·28B）

④□以买棺椁冡地穿治丧葬貍有余田二顷禾麦稼度□　（564·10）

简④中，貍，《集韵》："谟皆切，音（mai）。"《论衡》："小盗貍步鼠窃。貍，或作埋。"前三简提及的"贾""过客""卖""钱"等词均表明当地木材可以进行买卖。并且简④中就有"买棺椁"，说明当时丧葬所用棺木均从市场购买得来，众所周知，制作棺椁所用木材多为大木。这就说明当时河西木材并不紧缺，而且树木也非常茂盛，也就是说当时河西木材资源非常丰富。

（三）居延边防地区林木广泛运用于军事和生活

①暴深人民素惠共奴尚隐匿深山危谷　　　　　（73）

②□□沙□临桐□

　　沙樊治炭王卿☐

　　☐　　　　　　　　　　　　　　　　　　　　　（229·48）

　　简①中虽然没有明确提到有参天的树木，也没有说有成片的森林，但"深山危谷"足以让人藏身，可见深山中的草木茂盛，应该处于尚未开发时期。在河西地区，这样的山谷应该不会只此一处。《说文解字》对简②中的"炭"有所解释："烧木余也"，故治炭当为烧制木炭。除了烧炭，军民建造房屋和生火取暖、做饭等都要大量地用到木材；至于运用于军事上的，范围比较广，军事防御工事的修建、武器和来往车辆的制作、饲草的供应等都需要木材。

　　有关汉代河西林木情况，还可以从河西汉墓所出壁画中得到证明。武威磨嘴子汉墓出土《主婢图木板画》，五坝山汉墓壁画中有《山林狩猎图》，嘉峪关牌坊梁汉墓中有十二幅彩绘砖画，其中三幅图中绘有树木，墓中壁画所描绘的有关桑园、采桑、缲丝的大量画面，反映了这一时期河西桑蚕业"间阎相望，桑麻翳野"的盛况，这些都说明当时河西地区森林茂密，生态环境优越。

三、汉代河西地区的动物种类繁多，数量庞大

　　既然两汉时期河西地区林木茂盛，生态环境优越，那么就一定给适宜在森林、草原生存的动植物提供了优越的生存环境。因此可以说明，两汉时期的河西地区是动物的天然乐园。这仍然能够在汉简中得到佐证。

　　（一）河西地区的动物种类繁多

　　河西地区的动物有马、牛、羊、驴、鸡、狗、猪、骆驼、鱼、丑羊、鲍鱼等。如简文：

　　1. 人工饲养动物

　　①●右私马一匹　　　　　　　　　　　　　　　　　（19·1）

　　②居摄三年吏私牛出入关致籍　　　　　　　　　　　（534）

③□□钟政■私驴一匹骓牡两捈齿六岁　久在尻□□　　　　（536）

④私从者广陵嘉平里丘丑羊二头＝二百九十案害从臧五百以上

真臧已具主　　　　　　　　　　　　　　　　　　　（788）

⑤雄鸡一雌鸡二　　　　　　　　　　　　　　　　（511·18）

⑥买狗四枚　　　　　　　　　　　　　　　　　　（246·40）

⑦母狗二□　　　　　　　　　　　　　　　　　　（227·39）

⑧鲍鱼百头　　　　　　　　　　　　　　　　　　（263·3）

⑨取□猪一青黍十斛　如其□□□　　　　　（E.P.T59:108）

2. 野生动物：

除了上面所说的人工饲养的牲畜外，河西地区还分布成批的野马、野驴、野羊、野骆驼。此外，还有大量的鹿、黄羊、狼、苍鹭等。《汉书·武帝纪》中记载：天马生于渥洼水。《汉书·武帝纪》李斐注曰：“南阳新野有暴利长，屯田敦煌界，数于此水旁见群马中有奇者，与凡马异，来饮此水。”敦煌渥洼池神异的天马，就是由野马驯化而成的。至于其他，我们可以看下列简文：

①□即野马也尉亦不诣迹所候长迹不穷□　　　（E.P.T8:14）

②□赵氏故为收虏燧长属士吏张禹宣与禹同治乃永始二年正月中

禹病禹弟宗自将驿牝胡马一匹来视禹禹死

　其月不审日宗见塞外有野橐佗□□□　　　（229·1　229·2）

③府幸长卿遗脯一□□□御史之长安□□以小笥盛之●毋以□脯野

羊脯赍　　　　　　　　　　　　　　　　　　　　　（乙附51）

简②中，橐佗，就是骆驼，亦作橐佗、橐它、橐驼。简③中“毋以口脯野羊脯赍”，反映出野羊被捕杀并将其肉做成肉干后食用，可见汉代河西野外野羊成群。

（二）汉代河西地区的动物数量庞大

汉代河西地区的动物不仅种类多，而且数量庞大。我们看以下简文：

①积廿九人养牛 　　　　　　　　　　　　　　　　　　　　（512·1）

②羊二千余头马数十匹虏所略车师大女巫干亡求言虏死者
　　　　　　　　　　　　　　　　　　　　　　　　　　　　　（962）

③官属数十人持校尉印绶三十驴五百匹驱驴士五十人之蜀名曰
劳庸

　　部校以下城中莫敢道外事次孙不知将 　　　　　　　　　（981）

以上简文中，简①说有 29 人从事养牛工作，可见其地饲养的牛的数量之庞大。简②说从车师那儿得到羊 2000 余只，可能是经过某次战争获胜后所得。简③中的"驱驴士"即赶驴的人，有 50 人，其所拥有的驴的数目应该是很大的。以上诸简说明汉代河西地区所饲养的牲畜的数目非常大。

四、汉代河西地区植被丰美，绿洲连片

《西河旧事》记载："祁连山，张掖、酒泉二界之上。东西二百里，南北百余里。山中冬温夏凉，宜牧羊，乳酪浓好。夏写①酪，不用器物。刈草著其上，不散。酥特好，酪一斛得升余酥。又有仙人树，行人山中，饥渴者辄食之饱。不得持去，平居不可见。"由此可见，古代河西地区水草肥美，地势平坦，不仅适于发展农业，而且祁连山也是宜于畜牧的天然草场。

古代西北经济发展所走的路，从总体上说是以牧业为主、带动农业发展的牧农结合型经济。②河西地区除了茂密的森林、辽阔的草原，还分布大量的良

---

① "写"字系"泻"字之误写。

② 李清凌：《西北经济史·序》，北京：人民出版社，1997 年，第 2 页。

田，勤劳的河西人民自古以来就在这里耕种、生活、繁衍生息。河西汉简也对此做出了有力的佐证。这主要体现在有关农作物、园圃作物以及饲草作物的记载上面。

（一）农作物

汉代河西地区种植的农作物种类非常丰富，这在考古资料和河西汉简中都可以得到证实。武威汉墓出土各种农作物23包，有糜、荞麦、枣、麻籽等，磨嘴子六号东汉墓也出土了枣等农作物①，在居延屯田区、敦煌马圈湾屯戍遗址和悬泉置遗址中都出土不少粮食标本，有大麦、普通小麦、糜、豌豆、青稞等②，就居延汉简简文资料而言，当时的农作物品种主要有胡麻、粱米、黄谷、土麦、穬穅、白米、穬麦、黍米、黄米、白粟、胡豆、秋、糜、荞、秫、谷、麦、米、姜等二十多种，大多属于麦、米、谷三大类。③此外，居延肩水金关遗址（位于金塔县天仓乡北约25千米的黑河东岸）还发现了大麦、青稞等，在武威汉墓发现了黑豆、小豆、黑枣等，在敦煌马圈湾汉代烽燧遗址发现了青稞、豌豆等。④

（二）园圃作物

河西汉简中记载的园圃作物的种类也比较丰富，可以通过下表反映。

汉简中记载的园圃作物种类

作物名称	原简	简号
葵	葵二斗	E.P.T44：8A

① 甘肃省博物馆：《武威磨嘴子六号汉墓》，《考古》，1960年第5期；甘肃省博物馆：《武威磨嘴子汉墓发掘》，《考古》，1960年第9期。

② 甘肃省文物工作队、甘肃省博物馆编：《汉简研究文集》，兰州：甘肃人民出版社，1984年。

③ 甘肃省文物考古研究所编，薛英群、何双全、李永良注：《居延新简释粹》，兰州：兰州大学出版社，1988年。

④ 李并成：《河西走廊历史时期沙漠化研究》，北京：科学出版社，2003年。

作物名称	原简	简号
韭	韭三畦　葵七畦	506·10A
姜	姜一半	563A
葱	葱三畦	506·10A
荠	出荠　六斗	46·7
大荠	大荠种一斗卅五	262·34
戎介（芥）	戎介种一半直十五	262·34
芜菁	出廿五毋菁十束 出十八韭六束	175·18
菁	葵子一升昨遣使持门菁子一升诣门下受教愿	E.P.T2：5B

根据这些简文的内容可以看出，这些园圃作物确实在河西地区被栽培。简506·10A 中，"畦"是丈量土地面积大小的单位，整条简的意思是说，某单位种植三畦韭、三畦葱、七畦葵。简 263·34、E.P.T2:5B 说的是它们的种子，那么它们应该在当地栽种。至于简 175·18 中，芜菁为一种草本植物，根和叶可以作蔬菜，鲜食或者盐腌，叶可以当作饲料。《说文解字》中记载，菁，"韭华也"。张衡《南都赋》载："秋韭冬菁。"《广雅》曰："韭，其华谓之菁。"韭菜在河西地区都被栽培，那菁就更不例外了。[①]

（三）饲草作物

河西地区常见的草类有酥油草、鸡冠草、茵草、兵草、芨芨草、马兰草、甘草、白利、沙蒿、骆驼刺等数百种[②]，除此之外，河西汉简中也记载了一部分饲草作物名称，如下表所示。

[①] 刘丽琴：《汉代河西地区生态环境状况及保护管理研究》，西北师范大学硕士学位论文，2006年，第23页。

[②] 杜思平、李永平：《考古所见河西走廊西部的农业发展》，《西北史地》，1994年第1期，第94页。

汉简中记载的饲草作物名称

草类名称	原简	简号
茭	受六月余茭千一百五十七束	E.P.T52：85
苇	定作十七人伐苇五百□	133·21
蒲	伐蒲廿四束大二韦　率人伐八束	161·11
慈其	一人□慈其七束 廿人艾慈其百　束率人八束	33·24
目宿	□□□□益□欲急去恐牛不可用今致卖目宿养 之目宿大贵束三泉留久恐舍食尽今且寄广麦一石	239A

以上几类饲草常见于河西汉简中，是当时饲养牲畜的主要饲料。《韵会》记载："茭，草名，芻刈取以用曰刍，干之曰茭，故曰崎乃刍茭。"《尔雅·释草》记载："茭，牛蕲。"苇，即芦苇。蒲，水生植物名，可以制席，嫩蒲可食。简"二月十二日见卒桼人卒解梁苇器卒沐悝作席卒邴利作席卒郭并取蒲"（E.P.T59：46）也可以证明蒲是用来作席的。《韵会》记载："刺"为"七芒切，棘芒也"。当为白刺、骆驼刺等，可做燃料。①

五、汉代河西地区的自然灾害频发

两汉时期是中国历史上自然灾害的多发时期，有关汉代自然灾害的历史记录主要集中于《史记》《汉书》《后汉书》中。从有关记载看，汉高祖元年（前206年）至汉献帝建安二十五年（220年）的425年间，共有292个年份发生自然灾害，水灾121次，旱灾106次，地震104次，虫灾62次，疫病49次，风灾33次，雹灾35次，低温类灾害31次，山崩地裂39次，以上灾害共计580次。②可见两汉时期自然灾害对当时社会影响非常大。这一时期发生在河西四郡，即张掖（十县）、酒泉（九县）、武威（十县）、敦煌（九县）区域的各类自

---

① 刘丽琴：《汉代河西地区生态环境状况及保护管理研究》，西北师范大学硕士学位论文，2006年，第24页。

② 李辉：《试论两汉时期自然灾害的特征》，《社会科学战线》，2004年第4期，第164页。

然灾害就有十几次。

（一）蝗灾

蝗虫属直翅目蝗总科，以禾本植物玉米、高粱、小麦等为主要食物。蝗虫的繁育、生长需要充足的光照与适宜的温度与湿度，因而蝗灾的形成与气候关系密切，主要集中在黄河流域。从相关资料看，蝗灾主要发生在夏、秋两季，这两个季节的气候特点是湿度和温度较高，农作物正值生长期和丰收期，加之五月和七月分别是蝗虫繁衍的两个高峰期，因此，蝗灾也主要集中在这段时间。传世典籍中关于河西四郡的蝗灾如下：

> 武帝太初元年夏，蝗从东方蜚至敦煌。
>
> 东汉光武帝建武二十九年四月，武威、酒泉、清河、京兆、魏郡、弘农蝗，发生蝗灾。
>
> 东汉明帝永平四年十二月，酒泉大蝗，从塞外入。

第一则和第三则材料说明这次蝗灾的发生地域很广，是从东部地区逐渐向西部扩展到达敦煌。这正好体现了蝗灾发生扩散性和远飞性的特点，从蝗灾发生的条件推测原发地处于干旱状态。第二则材料说明蝗灾发生的群集性特点，一旦区域内具备所有发生条件，往往几个邻近地区都会聚积群发。[1]

两汉政府为了巩固西北边防，在河西四郡开展了大规模的屯田建设，屯田不仅促进了西北边疆地区生产力的发展，而且解决了从内地长途运输的大量消耗问题。粮食作物的大量种植、河西四郡当时的气候特点也是该地区蝗灾高发的原因之一。

---

① 韩华：《两汉时期河西四郡自然灾害探析——以悬泉汉简为中心》，《丝绸之路》，2010 年第 20 期，第 8 页。

（二）沙尘暴

今人对沙尘暴的定义是：强风将地面大量尘沙吹起，使空气很浑浊，水平能见度非常低。《汉书·五行志》记载了河西四郡地区的沙尘暴："成帝建始元年四月辛丑夜，西北如火光。壬寅晨，大风从西北起，云气赤黄，四塞天下，终日夜下着地者黄土尘也。"成帝建始元年（前32年），"四月"正好处于春夏之交，此时西北地区正处于沙尘暴的多发期。王子今先生认为"夜"是"黄昏"。王子今先生认为："沙尘暴发生的季节为3—5月，以5月最多，而且多发生在下午。"[①]敦煌汉简2253号也印证了这一现象，即"日不显目兮黑云多。月不可视兮风非沙，从恣蒙水诚江河，洲流灌注兮转扬波"。

（三）地震

我国地处亚欧板块与太平洋板块交界处，是世界上地震灾害最严重的国家之一，我国西北地区的地震带，主要分布在甘肃、青海、宁夏的河西走廊和天山山麓。[②]通过下表，我们可以大体了解两汉时期河西四郡地震发生的状况：

两汉时期河西四郡地震发生状况

发生日期	地点	资料原文	资料来源	震级及破坏性
汉宣帝五凤二年（前56年）十一月己卯朔丁亥	敦煌	五凤二年十一月己卯朔丁亥，待偈者光持节使下敦煌太守承书从事，今敦煌太守书言，今年地动如诏书	《敦煌悬泉汉简释文选》（此次地震传世典籍并未记载）	属破坏地震，震级5.5级，烈度达到7度
汉成帝绥和二年（前7年）九月丙辰	北边	绥和二年九月丙辰地震，自京师至北边郡国三十余，坏城郭，凡杀四百一十五人	《汉书·五行志》	属强烈地震，震级7—8级，并造成严重的人员伤亡，烈度10—11度

① 王子今：《两汉沙尘暴》，《寻根》，2001年第5期，第19页。
② 谢毓寿、蔡美彪：《中国地震资料汇编》，北京：科学出版社，1983年，第56页。

发生日期	地点	资料原文	资料来源	震级及破坏性
东汉顺帝汉安二年（143 年）九月	张掖、北地、武威	张掖、武威……自上年九月以来地震一百八十余次。山谷坼裂，毁坏城寺，人民死伤	《后汉书·顺帝纪》	属强烈地震，震级7—8级，并造成严重的人员伤亡，烈度10—11度
东汉桓帝延熹四年（161 年）六月	京兆、扶风、凉州	六月京兆、扶风及凉州地震	《后汉书·桓帝纪》	未记录人员伤亡情况，依照记录状况至少在5级以上，烈度也应该在7度以上
东汉灵帝光和三年（180 年）至光和四年（181年）	表氏	酒泉表氏（是）地八十余动，涌水出，城中管寺民舍皆顿，县易处，更筑城郭	《后汉书·五行志》	属强烈地震，震级7级左右，烈度9—10度，造成严重的财产损失，并导致表氏县城异地重建

从汉武帝设河西四郡至东汉末年，河西四郡地震灾害的记录共5次，传世典籍记载4次，敦煌悬泉汉简1次。依据特征分析，均属构造地震。这些地震平均级别在6级左右，5次都造成了较为严重的人员伤亡和财产损失，均属破坏性地震。[①]

（四）旱灾

传世典籍对两汉时期的旱灾范围记载较为模糊，敦煌悬泉汉简有两枚关于西汉时期敦煌地区旱情的记录，对研究两汉时期当地的旱灾状况有非常重要的价值：

悬泉地势多风，涂立干燥，毋□其湿也。度得椽六枚，今遣效穀

仓曹令史张博　　　　　　　　　　　　　　　　　（Ⅱ 0211 ③:26）

建昭二年九月庚申朔壬戌，敦煌长史渊以私印行太守事，丞敞敢

告都尉卒人，谓南塞三候、县、郡仓，令曰：敦煌、酒泉地执（势）

---

① 韩华:《两汉时期河西四郡自然灾害探析——以悬泉汉简为中心》,《丝绸之路》, 2010 年第 20 期, 第 6 页。

寒不雨，蚤（旱）杀民田，贷种扩麦皮芒厚以廪当食者，小石……

（Ⅱ 0215 ③:46）

简Ⅱ 0211 ③:26内容反映了当时敦煌地区干燥多风沙的气候特点。简Ⅱ 0215 ③:46是汉元帝敦煌长史渊代太守签发的一封下行文书，指示阳关都尉三候:"敦煌、酒泉地区气候寒冷少雨，应多种适应这种气候的有芒作物。"敦煌地处西北内陆，属于典型的暖温带大陆性气候，特点是光照充足、热量丰富、无霜期短、干燥少雨、多风沙和蒸发量大等，9月份的敦煌气候正符合此特点。《汉书》和《后汉书》中对旱灾所带来的影响也有较为明确的记载，汉安帝永初三年（109年），"并、凉二州大饥"，汉顺帝汉安元年（142年），"河西大旱成灾，无收成，民饥，赈给"。这两则史料也说明了东汉时期河西四郡旱灾严重性。恰好在这一时期即汉安年间，张掖、武威发生了7级以上的强烈地震，并且引发山崩地裂，由此可以推测，东汉顺帝初期，这两类自然灾害给河西四郡的居民和地方政府带来了非常严重的损失。[1]

---

[1] 韩华:《两汉时期河西四郡自然灾害探析——以悬泉汉简为中心》,《丝绸之路》,2010年第20期，第7页。

第二节　汉代河西地缘政治对生态环境的影响

两汉之前，河西走廊经济类型以游牧经济为主，生态环境良好。两汉时期为了完成"经略西域"这一地缘政治使命，汉朝便对河西走廊上的绿洲进行了屯垦改造，经济类型由此前的游牧经济逐渐转变为定居农耕。由牧转农带来的人口增长，加上驻军戍边、水利开发、边防军事等地缘政治使命，使河西地区的生态环境逐步恶化。

一、移民与驻军

汉武帝发动了三次比较大的针对匈奴的战役，匈奴由此被逐出河西，此后西汉政府正式开始了对河西的经营。为了更好地巩固、控制战略要地，汉政府向河西地区移民与驻军，自武帝始一直延续到成帝，主要有以下几次：

《汉书·地理志》载："自武威以西，本匈奴浑邪王、休屠王地，武帝时攘之，初置四郡，以通西域，鬲绝南羌、匈奴。其民或以关东下贫，或以报怨过当，或以悖逆亡道，家属徙焉。"

《汉书·西域传》载："其后骠骑将军击破匈奴右地，降浑邪、休屠王，遂空其地，始筑令居以西，初置酒泉郡，后稍发徙民充实之，分置武威、张掖、敦煌，列四郡，据两关焉。"

《汉书·武帝纪》载，元鼎六年（前111年），汉武帝"又遣浮沮将军公孙贺出九原，匈河将军赵破奴出令居，皆二千余里，不见虏而还。乃分武威、酒泉地置张掖、敦煌郡，徙民以实之"。

《汉书·武帝纪》载，元封三年（前108年），"武都氐人反，分徙酒泉郡"。征和二年（前91年），因"巫蛊狱"，除直接参与庚太子政变者处死外，"其随太子发兵，以反法族。吏士劫略者，皆徙敦煌郡"。

《史记·平准书》载："其明年，南越反，西羌侵边为桀。于是天子为山东不赡，赦天下囚，因南方楼船卒二十余万人击南越，数万人发三河以西骑击西羌，又数万人度河筑令居。"

连云港市东海县尹湾汉墓出土的简牍《东海郡吏员考绩簿》中，有"平曲丞胡毋「钦」七月七日送徙民敦煌"的记录，平曲为西汉东海郡之辖县。文中之"徙"，因其后接"民"，在汉代文献中"徙民"是习惯用法，并且敦煌又是西汉徙民之地。

此外，悬泉汉简也有关于移民的记载，据汉简记载仅居延一带的戍田移民就有来自中原的淮阳、昌邑、魏郡、东郡、大河、巨鹿、汉中等十多个郡国，包括今天河南、山东、河北、陕西等地。居延汉简对此也有记载：

> 马长吏即有吏卒民屯士亡者具署郡县里名姓年长物色
>
> 　　所衣服贵操初亡年月日人数白
>
> 报与病已·谨案居延始元二年戍田卒千五百人为驿马
>
> 　　田官穿泾渠乃正月己酉淮阳郡　　　　　　（303·15　513·17）

始元二年（前85年），淮阳（今河南淮阳、太康、柘城、鹿邑、扶沟一带）派遣到居延的戍田卒，一次就达1500多人。河西地区的人口也由西汉初的不到10万人[1]增长到了武威郡的76419人，张掖郡的88731人，酒泉郡的76726人，敦煌郡的38335人，使河西走廊人口达50万之众。[2]随后，西汉政府在河西地区相继设置了四郡，后来还迁徙大量的驰刑徒、戍卒等到当地进行屯

---

① 《汉书·匈奴传》载："浑邪王杀休屠王，并将其众队降汉，凡四万余人，号十万。"这说明当时居住在河西走廊的匈奴族不会超过十万人。

② 刘光华：《汉武帝对河西的开发及其意义》，《兰州大学学报》，1979年第3期，第55页。

垦、戍边等，致使河西走廊地区的人口剧增，迎来了河西地区人口发展的第一个高峰。这些居民在河西地区修建城池，建筑房屋，制作家具，还有日常的生火做饭和取暖都需要大量的木材。《汉书·匈奴传》记载："匈奴西边诸侯作穹庐及车，皆仰此山材木。"此山指的是合黎山、龙首山等，说明早在匈奴控制河西地区的时候，匈奴人已经利用山上的木材来建造其穹庐。在干旱地区，一户四口之家大约一年需要 1800 千克木柴，这个需求量相当于要毁掉 1.34 公顷土地上的植被。可见两汉以来仅仅筑屋与用柴，就给河西地区森林带来沉重的负担。

二、屯田开垦

自河西地区成为汉朝的管辖区域后，驻扎军队和大量的移民对粮食的需求剧增。河西地区本身"无城郭常居耕田之业"，需要西汉政府从内地转运粮食，故出现了"缮道馈粮，远者三千，近者千余里"的情况。为有效地解决这一问题，汉政府采取了屯田的措施，开始在河西地区大规模屯田。西汉时期的屯田始于汉景帝时期，盛于汉武帝时期，分为军屯和民屯两种类型。汉武帝元狩四年（前 119 年），卫青、霍去病大胜匈奴，占领了漠南、漠北地区，接着"汉渡河自朔方以西至令居，往往通渠，置田官吏卒五六万人，稍蚕食，地接匈奴以北"。《昭帝纪》载，始元二年（前 85 年），"调故将屯田张掖郡"。以上为军屯。赵充国在《屯田十二便》中细数军屯的好处，"军马一月之食，度支田士一岁，罢骑兵以省大费"。此后军屯风气大开，民屯在军屯的护卫下也逐渐发展起来。[①] 关于民屯的记载也比较多，如《汉书·地理志》载："自武威以后，本匈奴浑邪王、休屠王地，武帝时攘之，初置四郡，以通西域，鬲绝南羌、匈奴。其民或以关东下贫，或以报怨过当，或以悖逆亡道，家属徙焉。"

---

① 徐乐尧、余贤杰：《西汉敦煌军屯的几个问题》，《西北师大学报（社会科学版）》，1985 年第 4 期，第 40 页。

河西汉简记载的屯田地点主要有居延、大湾、敦煌等地，下简可以证明：

①延寿乃大初三年中父以负马田敦煌延寿与父俱来田事已

（513·23　303·39）

②第四长安亲，正月乙卯初作尽八月戊戌，积二百廿四日，用积卒二万七千一百卌三人。率日百廿一人，奇卅九人。垦田卌一顷卌四亩百廿四步，率人田卅四亩，奇卅亩百廿四步。得谷二千九百一十三石一斗一升，率人得廿四石，奇九石。　　　　　（72.E.J.C:1）

简①表明延寿父子在敦煌屯田。简②是 1972 年考古调查时在大湾（肩水都尉府）遗址中采集所得，其大意为：正月乙卯至八月戊戌计 224 天，共用劳动力 27143 人，平均每天 121 人。共垦田 41 顷 44 亩 24 步，平均每人共垦田 34 亩。41 顷 44 亩 24 步土地得谷 2913 石 1 斗 1 升，平均每人可得 24 石，当为全年的成果。

张掖地区境内有番和、居延两大屯田区。据卫星照片和实地踏勘测算，汉代在居延的屯田面积就达万亩之多。① 关于番和屯田区，《汉书》载有番和"农都尉治"，《后汉书》释"农都尉"职责为"主屯田殖谷"。可见张掖番和地区是重要的屯田场所。徐乐尧认为敦煌地区屯田分为三个区域，分别是玉门都尉大煎都候官辖境，宜禾都尉鱼泽候官属地，阳关都尉所属渥洼水西岸。②

酒泉和武威两郡，关于农都尉设立的记载出现在简牍中，酒泉郡有农都尉（Ⅱ90DXT0215②149）③ 的记载，证实酒泉地区有屯田活动的存在。武威地区同样如此，悬泉汉简载有"神爵二年……使领护敦煌、酒泉、张掖、武威、金

---

① 梁东元：《额济纳笔记》，北京：北京国际文化出版公司，1999 年，第 69 页。

② 徐乐尧、余贤杰：《西汉敦煌军屯的几个问题》，《西北师大学报》，1985 年第 4 期，第 40 页。

③ 吴礽骧：《敦煌悬泉遗址简牍整理简介》，《敦煌研究》，1999 年第 4 期，第 101 页。

城郡农都尉"（91DXT0309③4），和"使领护敦煌、酒泉、张掖、武威、金城郡农田官，常平糴调，均钱谷，以大司农丞印封"（Ⅱ90DXT0215②149）[①]，简牍提到武威设有农田官，武威磨嘴子汉墓中出土的牛耕模型、古浪县陈家河台出土的铁桦，都说明这些地方都有过农业生产。

两汉时期实行大规模的徙民实边与农业开发，百姓从中原带来先进的生产技术与农具，不但解决了军队中的粮草问题，促进了河西地区经济的发展，也为战胜匈奴打下了良好的基础。但因西北地区生态环境脆弱，加上粗放式的农业开发，土地利用方式由游牧变为种植业，原有的绿洲、牧场草原等多样地貌都被开垦为农田，种植的农作物也取代了天然植被，原来以自然力为主导的自然生态系统被人工建立的灌溉农业生态系统所代替。但农作物的抗风蚀、保水保土的能力远不如天然植被，草被铲除后，土质松散，因而容易引起风蚀、风积。当国力衰弱时，屯田范围缩小，被翻新过的土地难以恢复原有林草，会造成水土流失与土地荒漠化等问题，破坏自然环境。

三、水利开发

农业的发展离不开水利灌溉，要在河西地区屯田，首要的问题便是"水利"。所谓"食之所生，水与土也"，何况对于水资源匮乏的西北地区。当时的西汉统治者充分认识到了水利的重要性。汉武帝称："农，天下之本也。泉流灌浸，所以育五谷也……故为通沟渎，畜陂泽，所以备旱也。"正是在这种观念的影响下，西汉河西地区水利开发活动为河西地区构建了初步的水利灌溉系统，对农业灌溉起着重要作用，这些水利设施遗迹仍被保留着。

在传统文献和出土简牍的记载中，以张掖、敦煌两郡水利建设居多，酒泉、武威两郡的则较少。《汉书·地理志》载："千金渠，西至乐涫入泽中。"千金渠便是在张掖地区修建的渠道，从张掖郡流经酒泉郡，地跨两郡，向西流入

---

① 吴礽骧：《敦煌悬泉遗址简牍整理简介》，《敦煌研究》，1999年第4期，第101页。

泽中。张掖地区出土的简牍中也有大量水利建设的记载,居延汉简记载了汉昭帝始元二年(前85)驿马田官调遣戍田卒修建泾渠,这里的泾渠就是用于灌溉的水渠。还有"第五渠"(E.P.T52:363)①,这样以数字命名渠道,可见当时修建了众多的渠道。除这些分布各屯田区的灌溉渠道之外,还在地下水丰富的地区修建了众多的井渠,用于灌溉和生活用水。张掖地区除了修建明渠和井渠之外,还有用于开闭渠道的水门。居延汉简载"右水门凡十四"(565.12)②,"水门"具有调节渠道水量的作用,旱则开门放水灌田,而这条渠道沿线有14道水门,可见该渠道工程量之大,灌溉范围之广。

敦煌郡作为河西地区的重点区域之一,修建了不少的水利设施,既有民间修建的水利设施,还有官方修建的水利设施。敦煌文书 P.2005 号《沙州都督府图经残卷》记载了汉代在敦煌所修的大堰,在氏置水上"百姓造大堰,号为马圈口。其堰南北一百五十步,阔廿步,高二丈,总开五门分水以灌田园。荷锸成云,决渠降雨"③。马圈口便是百姓在氏置水拦水修堰,用以灌溉农田。悬泉汉简也记载了其他修建渠道的情况,"民自穿渠,第二左渠、第二右内渠水门广六尺,袤十二里"④(Ⅱ0213③:4)。民间百姓主动修建水利设施,在干渠之上修建支渠,命名为第二左渠、第二右内渠,而且百姓还在渠道分口水处修建了水门。

此外,敦煌郡官方修建了大量的水利设施。《汉书·西域传》载:"汉遣破羌将军辛武贤将兵万五千人至敦煌,遣使者按行表,穿卑鞮侯井以西,欲通渠转谷,积居庐仓以讨之。"孟康认为此渠即是破羌将军辛武贤为攻打乌孙而修建的渠道,用来转运粮食,保障后勤供应。居延汉简也记载:"□龙起里王信以诏书

---

① 甘肃省文物考古研究所等编:《居延新简》,北京:文物出版社,1990年,第252页。
② 谢贵华等:《居延汉简释文合校》,北京:文物出版社,1987年,第664页。
③ 唐耕耦、陆宏基:《敦煌社会经济文献真迹释录》第1辑,北京:书目文献出版社,1986年,第2页。
④ 甘肃文物考古所编:《敦煌汉简释文》,兰州:甘肃人民出版社,1991年,第55页。

穿渠敦煌郡军☐。"（73EJT9：322A）^① 该简记载的是甘露四年（前50）朝廷下达诏书，命令王信按照诏书的旨意在敦煌郡修建渠道。敦煌汉简还提到开凿井渠的情况，"井深七尺"（D1017B）^②，说明在敦煌当地修建了井深度为七尺的井渠。

总之，河西地区在西汉提倡修建水利设施的热潮下，修建了众多的水利工程。因这些水利工程的修建主体不同，从而有官渠和民渠之分。同时受到气候、水源地形的影响，既在适合的地区修建了众多的地上水渠，又在气候干旱、蒸发量大的地区修建地下井渠，以保障人民的饮用与灌溉。这些水渠的修建，使河西地区形成了一个完整的水利系统，为河西地区灌溉提供了便利，促进了当地社会经济的发展。

但是汉代河西水利工程未制定长远的开发策略，也给农业带来了一定的不良影响。大面积的农田被开垦出来，为了浇灌这些农田，政府兴修水利工程，毫无节制，并且层层截流，造成内陆河径流量越来越小，使河流下游逐渐断流，不加以限制，经过若千年的屯垦，终使一些内陆河干涸。

四、战争及边防军事建设

汉武帝元光二年（前133年），西汉政府开始了对匈奴的大规模作战。重要的战役共有三次，其中元狩二年（前121年）的战役就发生在河西地区。据载，在这几次战役中，霍去病曾大量砍伐原始森林以修筑营寨和仓库，使青海祁连县境内的青达坂林区受到重创。《后汉书·陆康传》记载："县在边陲，令户一人具弓弩以备不虞，不得行来。"它规定边郡每一家必须有一壮丁待命于家，处于戒备状态。当时河西四郡户口总计62270户，280211口。这样一来，最少需要准备60000多副弓弩，那么制造这些武器又需要多少林木呢？

---

① 甘肃简牍保护研究中心等编：《肩水金关汉简（壹）》，上海：中西书局，2011年，第123页。

② 甘肃文物考古所编：《敦煌汉简释文》，兰州：甘肃人民出版社，1991年，第104页。

河西汉简中还有许多反映用当地所产的木材制造武器、车具等军队装备的内容：

①郭卒范去疾□车　□候　为君舍取薪山材用　山　　（136·38）

②大竹一　车荐竹长者六枚反苛三枚车荐短竹三十枚　（E.P.T40:16）

③禹所假板十四枚第十三隧所假板十五枚　●凡得板七十枚谨遣第

十一　　　　　　　　　　　　　　　　　　　　　　（E.P.T57:51）

简①是说某一单位的车坏了，然后采"薪山材"进行修理。简②中，这些长短不一的竹子被用来制作车具的不同部位。简③是某单位对出入木材的记录。

此外，在边防建设中，还会大规模用到草类，比如茭、苣、积薪等。由于受时代和技术的限制，敌人突袭时，他们只能利用烟、火以及悬挂旗帜的方式来通知其他部队。汉代河西地区的《烽火品约》是关于敌人进犯时所放烟或火的规定：

《烽火品约》中关于敌人进犯时所放烟或火的规定

入寇之数	燔薪	昼举烽	夜举火
1—10 人入寇	燔一积薪	举二烽	二苣火
10—500 人入寇	燔一积薪	举二烽	二苣火
500—1000 人攻亭	燔一积薪	举三烽	三苣火
虏守亭障	不得燔积薪	举亭上烽（一烟）	离合（苣）火

汉朝经略河西多年，一旦敌人来犯，戍守的吏卒就要燃放烽火进行报警。因此，汉代河西边防地区对当地草类的采伐量非常大。且看下列简文：

①驷望隧茭千五百束直百八十　平虏隧茭千五百束直百八十

惊虏隧茭千五百束直百八十　●凡四千五百束直五百册尉卿取当

还册六□　　　　　　　　　　　　　　　　　　　　（E.P.T52:149A）

受步广卒九人自因平望卒

②平望伐茭千五百　四韦以上一廿束为一石率曰☒

千五百石奇九十六石运积蒙　　　　　（1151）

③阳朔元年七月丙午朔己酉效谷守丞何敢言之府调甲卒五百册一

人为县两置伐茭给当食者遣丞将护无接任小吏毕已移薄·谨案甲卒伐

茭三处守长定守尉封逐杀人贼马并　　　（Ⅱ0112②:112A）

④制诏酒泉大守敦煌郡到戍卒二千人茭酒泉郡其假☐如品司马以下

与将卒长吏将屯要害处　属大守察地刑依阻险坚辟垒远候望册

（1780）

　　简①中隐含了一个关于戍卒伐茭的信息，即每隧每次伐茭的完成量应该是"千五百束"。简②大意为平望卒伐了 1500 石茭，这当中包括部广卒一积，且一石为 20 束，每天伐茭 1500 石又 96 石。简①②记载的伐茭的量分别为13500 斤、90000 斤，简③④中伐茭的人数分别为 541 人和 2000 人，可见当时对茭草的采伐量比较大，同时也说明对绿洲草原的破坏比较严重。

　　大量的绿洲植被被用来进行军事建设，这对当时的生态环境产生了深刻影响，在这个过程中，原始的河西走廊绿洲的面貌已不复存在，人们在这块土地上的活动，使它失去了本来的面貌。

五、制作简牍

　　《后汉书》记载，东汉后期的蔡伦改进造纸工艺，推行新的造纸方法。也就是说，东汉以前的纸张粗糙，并不是书写材料。20 世纪初期以来，我国不断出土的战国、秦汉时期的简牍，亦证明了这一事实。

　　据说秦始皇每天批阅的简牍文书重量为 120 斤，那么一年的总量应该是4.4 万斤，大概相当于 14 立方米原木的重量。这只是帝王一个人的用材量，试想全国上下各级行政机构之间的行文传递以及书籍的书写，需要多少木材？整个国家机构的运转要耗费多少木材，虽然算不出具体数目，但可以看出简牍的制作一定会消耗森林资源。

汉朝是中国封建社会的第一个繁荣时期，并且汉朝比秦朝的政治体制更加完善，经济更进一步的发展，疆域也更加辽阔。也就是说，在汉朝时期，有更多的林木被用来制作简牍文书，从而得以推动国家机器的运转。汉代河西地区是如何制作简牍及运用情况的呢？

首先可以确定的是，汉代河西边防地区的书写工具主要是简牍，这从近年来该地出土的大量简牍可以证明。有关资料证明，河西地区出土简牍非常多，自20世纪初至今共发现7万余枚。这7万余枚简牍有的是竹质的，有的是木质的，竹质简牍的量较少。而木质简牍中的大多数又是用当地所产的木材制成的。敦煌出土的汉简是用毛白杨、红柳、垂柳（即水柳）、杆儿松、白松等木材制成，居延出土的汉简大多数是用柳树和杨树制成，武威出土的简牍多用松木制成。这些简牍大多数是砍伐了当地的林木后制作的。

河西所出汉代简牍中，形制各样，有板（牍）、牒、检、楬、简札、觚、符、传等。其中两行占绝大多数，如果把这7万余枚简牍全当作两行保守地计算，且两行的长为22—23厘米，宽大约为2.5厘米，那么制作这7万余枚简牍需要耗费木材的量为0.22米×0.025米×70000枚=385平方米。这只是经过2000年后的今天所得的数字，当时所耗费的木材数量要远远大于该数据。

在河西边防地区，各个边防单位所用的简牍一般由上级统一制作，然后下发给各个单位使用。这一观点可从诸多出土简牍的内容中得到佐证。如下简：

①凌胡隧厌胡隧广昌隧各请输札两行隧五十绳廿丈须写下诏书

（1684 A）

②扁常谨案部见吏二人一人王美休谨输正月书绳二十丈

封传诏　　　　　　　　　　　　　　　　　　　　（456·5A）

两行

③月输　札三百☐

　　　橄廿☐　　　　　　　　　　　　　　（E.P.T52:726）

简①中，制作完简牍后，上级指定由"凌胡隧厌胡隧广昌隧""输"，即运送做成的简牍和绳子到各个燧，简文中还明确记载，每一燧的数量是"札和两行每隧各五十绳每隧各廿丈"。从简②③中可以得知，简牍是按月发放的，如此一来，便可精确地统计河西地区每月需要的简牍，然后按照这个数字制作。

①青堆札百五十绳廿丈两行廿　　　　　　　　　　（1402）

②☐两行二百札三百☐　　　　　　　　　　　　（234·35）

③☐绳十丈札二百两行五十　　　　　　　　　　　（10·8）

④☐安汉隧札二百两行五十绳十丈五月输☐　　（138·7　183·2）

⑤禽冠隧札二百两行☐五十绳十丈☐六月为七月☐　　（10·9）

　　　　　两行册　橄三

⑥骓喜燧　札百　八月己酉输☐

　　　　　绳十丈　　　　　　　　　　　　　　　　（7·8）

　　善两行廿
⑦出
　　善札百　　　　　　　　　　　　　　　　　　（433·39）

⑧取司马监关调书●取善札三四十绳可为丞相史约者　（10·14）

以上是各个单位发放和领取日常办公所用的简牍编绳的单据、凭证及登记簿，可见对制作简牍材料的管理是有规定的，同时还证明简牍是主要的办公用品。

第三节　汉代后期沙漠化迹象及主要沙化地域

汉代，是河西绿洲第一次大规模开发时期。武帝开拓河西，置郡设县，大规模移徙兵民屯田实边，河西社会经济迅速发展，一跃成为我国西北的富庶之地。随着大批移民的进入，大片的绿洲原野被逐渐辟为农田，绿洲天然水资源被大量纳入人工农田垦区之中，从而大大改变了原有绿洲水资源的自然分布格局和平衡状态，绿洲自然生态系统已在很大程度上被人类活动所影响。随着大规模的开发，农田灌溉用水量不断增大，使得离水源较远的绿洲下游受到水源不足的影响，加之这里处于风沙侵袭的最前沿，固沙植被被破坏，流沙活动加剧，遂使下游尾闾等地首先遭受沙患之害，出现沙漠化，其周围的垦区被迫废弃，以致逐渐向荒漠演替。

据实地调查和有关文献考证，河西绿洲汉代后期（有的延及魏晋）发生沙漠化的主要地域有民勤县西沙窝北部三角城周围和其西部沙井柳湖墩、黄蒿井、黄土槽一带，古居延绿洲三角洲下部 K688 城、K710 城、K749 城等周围地区，马营河下游新墩子城一带，金塔东沙窝北部、西部火石梁、缸缸洼、西古城一带，玉门花海比家滩，芦草沟下游北部、西部一带等，沙漠化总面积约 1680 平方千米。这些地区无汉代及魏晋以后的遗址遗物，直接表明该区域在那时已废弃，且已出现沙漠化趋势。因其沙漠化发生较早，其地表景观沙漠化程度也较深、较烈。如弃耕地风蚀程度较剧，吹扬灌丛沙堆植被覆盖度较低（多数小于 40%），多为白刺沙堆、缺少柽柳沙堆，流动沙丘密度较大、高度较高（可达 10 米或更高），地下水埋藏较深等。

一、民勤三角城一带

三角城位于民勤县西沙窝古绿洲的最北部，古石羊河终间湖西南。今天三角城周围的弃耕地上，在该城台基南部、东部地段分布着成片的半固定白刺灌丛沙堆，沙堆高 2—3 米，白刺覆盖率约 30%，其间亦有少许裸露的新月形沙垄；当向其东南方向靠近现代绿洲边缘处，柽柳灌丛沙堆则逐渐多了起来，柽柳覆盖度达 30%—50%，株高可达 1.5 米。站在城台上远眺，沙丘一望无际，连绵起伏。这种由东南向西北沙丘景观的逐渐变化反映了其地下水条件的逐步恶化和沙漠化程度的加深，也说明这一带沙漠化过程是逐渐由西北推向东南的。弃耕地上分布的这些灌丛沙堆及其形态的差异，往往成为历史上所发生沙漠化过程的主要标识和衡量其发生发展程度的标志。由于三角城及其周围垦区内未发现汉代以后的遗物，因而可以推断城址的废弃及其周围垦区沙漠化发生的时间应在汉代大规模开发的后期。[①]

三角城周围汉代后期的沙漠化土地南北斜长约 9 千米，东西宽 7 千米，面积约 60 平方千米。[②]三角城废弃的原因，考虑到政治军事方面，虽然东汉后期国势衰微，边境一带的绿洲开发趋于衰势，但汉代北部边境一直是最重要的军防前线，尤其是弱水下游的遮虏障、石羊河下游的三角城等这样地处绿洲北部最前冲的军事驻地，其地理位置极为重要，这里的驻防军队未有主动撤防的记载。西汉时期，汉朝军队与匈奴交战频繁；东汉时期，河西郡县仍受到匈奴的侵扰，至东汉后期安帝、顺帝、桓帝之时，对游牧民族的防范未见松懈。所以，不可能主动放弃三角城这一重要的军事据点。三角城垦区的沙漠化，主要是这一时期上源地区大量开垦导致绿洲最北部水源不足，以及因薪柴、饲料、建筑材料等所需而大量破坏绿洲边缘固沙植被，故引起风沙之患。同时，两汉时期基本属于气候温暖期，很可能对应河西的干旱期，绿洲水源较少，风沙活

---

① 李并成：《河西走廊历史时期沙漠化研究》，北京：科学出版社，2003 年，第 239 页。
② 李并成：《河西走廊历史时期沙漠化研究》，北京：科学出版社，2003 年，第 239 页。

动加剧，又加之当时人们调控、利用水资源的能力尚弱，水源利用率较低。虽然汉代的开垦面积并不太大，但绿洲最北部地区仍然受到了水源不足的威胁。气候因素应是这一时期该地区沙漠化的原因之一。

二、民勤西沙窝西南部一带

民勤县西沙窝西南部一带，分布着沙井文化期的沙井柳湖墩、黄蒿井和黄土槽遗址等。这些遗址的分布存在着明显的靠河近水的特点，由于水资源条件制约着土地的优劣状况，因此当时人们对此依赖性很强，当时仍保留着绿洲景观较原始的面貌。[①]

今天这一带地面景观以新月形沙丘和沙丘链为主，还有白刺灌丛沙堆。沙丘相对高度4—7米，较三角城地区沙丘高大。自20世纪60年代以来，沙丘上栽植了大片琐琐、沙拐枣、沙蒿等固沙植被，沙丘已被基本固定。琐琐长势良好，株高可达2—3米。丘间地面亦见风蚀现象。这里虽未发现汉代城址遗存，亦非汉代较大面积的垦区所在（不排除汉代有小片军屯区存在的可能），但从汉代以前沙井文化遗址及汉代大量墓葬的集中分布来看，此地显然为非沙漠景观。其地沙漠化的发生亦当在汉代大规模开发之时或其后期。由于绿洲水源被大量地纳入垦区农田之中，遂使流经这里的原有水流大大减少。位于西沙窝汉唐垦区西侧，流经黄土槽、黄蒿井一带的大西河故道（排洪河道）平时亦少有水流通过，再加之这里的荒漠植被被大片破坏，从而导致了其沙漠化过程的发生。从这一带沙丘的形态和分布高度来看，其沙漠化程度较三角城地区更烈，其发生时间也似较三角城地区稍早。[②]

---

① 李并成：《河西走廊历史时期沙漠化研究》，北京：科学出版社，2003年，第241页。
② 李并成：《河西走廊历史时期沙漠化研究》，北京：科学出版社，2003年，第242页。

三、古居延绿洲三角洲下部

古居延绿洲三角洲下部，即指五塔遗址以北，现 K710 城、K688 城、乌兰德勒布井城（F84）、温都格特日勒城（K749）等汉代城址分布的区域，其东西长约 42 千米，南北宽约 15 千米，面积约 600 平方千米，约占整个居延古绿洲面积的一半。这里地处汉代垦区的北部，未有汉代以后的城址、遗址，亦很少见汉代以后的遗物，因而其沙漠化发生的时代当在汉代后期或更迟一些。

居延汉代垦区大面积沙漠化的出现在汉代以后。十六国北朝时期动乱频繁，河西地区"五凉"相继，匈奴、羌、鲜卑等游牧民族先后涌入，其农业开发处于劣势，不少农田抛荒弃耕。农田弃耕后，疏松地表直接裸露，风沙活动迅速加剧，加之灌溉系统疏于修治，水源供给无法保证，因而首先在当地风沙前冲的垦区北部出现沙漠化。至唐代，其垦区已偏处汉代垦区的中南部，这说明其北部已无法重新利用。

四、马营河下游新墩子城一带

马营河下游新墩子城为东汉光和三年（180 年）以前的酒泉郡表氏县城，《后汉书·五行志》记载："自秋至明年春，酒泉表氏（是）地八十余动，涌水出，城中官寺民舍皆倾，县易处，更筑城郭。"该县遂移至其南面 6 千米多的草沟井城。此次地震强度之大、持续时间之长为历史罕见。在其摧毁屋舍城郭之际，该县周围的农田及灌溉系统也受到了严重破坏。当该县南迁的同时，其周围的农田渠系废弃，且长期以来无人打理。沙质平原上弃耕的农田受风力吹扬，发生地表风蚀，并形成新月形沙丘和沙丘链。正是在这种作用下，新墩子城周围的绿洲发生沙漠化。这一带沙漠化范围约 90 平方千米，约占整个马营河、摆浪河下游古绿洲总面积的五分之一。其沙漠化发生的时代在东汉后期的光和三年（180 年）以后。[1]

---

[1] 李并成:《河西走廊历史时期沙漠化研究》，北京：科学出版社，2003 年，第 246 页。

五、金塔东沙窝北部、西部

金塔县东沙窝北部，分布着火石梁、缸缸洼等史前文化遗址，以及下破城、三个锅桩城、黄鸭墩城、北三角城等汉代城址，西部又残存着榆树井遗址和西古城（汉至北魏会水县城）。这一带地处汉长城之内，汉唐白亭海（今条湖，已涸）之南，原为一带水源丰盈、草被繁茂、可耕可牧的肥沃绿洲，面积370平方千米，约占整个东沙窝古绿洲面积的61%。[①]

金塔东沙窝北部、西部汉代垦区（西古城一带垦区延至北魏）沙漠化，皆因汉代以来呼蚕水（今讨赖河、北大河）中游一带绿洲（今酒泉、嘉峪关）被大面积开垦，大量引灌用水，使注入下游绿洲的水量不足，加以下游绿洲大量伐取固沙植被，招致风沙南侵，从而导致下游北部地区发生沙漠化。酒泉为西汉河西地区最早设置的郡，其地理位置十分重要。大规模移民实边，大量引取呼蚕水等河流溉田积谷，使得酒泉一带的农业生产发展迅速，这必然影响其下游地区的灌溉需水，中下游绿洲的开发出现了此消彼长的情形，从而诱发了生态条件十分脆弱的下游地区的沙漠化。[②]

六、玉门花海比家滩

花海比家滩古绿洲（约310平方千米），地处疏勒河流域北部，在风沙侵袭前沿，生态环境十分脆弱，很容易因人类的开发活动不当而引起沙漠化。

西汉在比家滩设置池头县（比家滩古城），因其靠近延兴海（今干海子为其残迹），处于"池头"而得名。值得注意的是，在西汉末年，该县即改称沙头县。敦煌悬泉置遗址所出Ⅱ90DXT0214①:130简就有"玉门去沙头九十九里，沙头去乾齐八十五里"等记载。从池头出土的汉简可以获知，这一带始自武帝、中经昭帝、晚至东汉安帝，屯戍活动一直未有停辍。除戍卒军垦外，池

① 李并成：《河西走廊历史时期沙漠化研究》，北京：科学出版社，2003年，第246页。
② 李并成：《河西走廊历史时期沙漠化研究》，北京：科学出版社，2003年，第247页。

头县所管辖的民垦亦当兴盛，如此一来，便严重破坏了生态本就脆弱的绿洲平原。单就用于修筑塞墙、烽燧、坞堡、城邑、渠堤、堰坝等的芦苇、柽柳、白刺等枝柴，用于军民燃料、牲畜饲料等的薪、草，数量巨大，过量采刈、砍伐，加之水土资源不合理地开发利用，必然会招致严重的风沙活动。

七、芦草沟下游北部、西部

芦草沟下游古绿洲，大部分为汉至北朝时期的垦区，尤以其北部巴州古城（曹魏至北周伊吾县城）、西部五棵树井古城（汉代军屯戍卒驻地、北魏西魏东乡县城）周围一带耕地、渠道网系分布最为集中。据其遗址遗物分布范围量可知，汉至北朝即废弃的垦区约 170 平方千米，约占整个古绿洲面积的 47%。

芦草沟下游北部、西部古绿洲沙漠化的主要途径，以强烈风蚀为主。自汉代开发以来，由于薪柴、饲料、肥料等需求而大量砍伐沙、旱生植被，裸露的地表使得风蚀程度加剧，致使这一带出现沙漠化，人们被迫弃耕抛荒。除此之外，还与这一时期开发规模的扩大、中游绿洲平原农田用水的增加、流注芦草沟下游的水量减少相关。

第四节 汉代河西地区的生态文化

汉朝对河西地区生态环境的管理记载，主要出现在敦煌悬泉遗址出土的《使者和中所督察诏书四时月令五十条》中。该资料是汉代政府在河西地区进行环境保护的条例，在这里我们将其简称为《月令诏条》。它是甘肃省文物考古研究所于 1990 年 10 月至 1992 年 12 月对敦煌悬泉遗址进行清理发掘时，在悬泉置房子的一面墙壁上发现的，出土时已破碎。经过修复，研究成果发表于《文物》2000 年第 5 期。

一、汉代河西地区《月令诏条》颁布的背景

西汉后期，尤其是元帝、成帝、哀帝、平帝时期，社会矛盾日益激化。统治阶级内部积弊深厚，朝廷大臣与外戚为争夺权力，勾心斗角；豪强地主不断圈占土地，使大批农民离开土地，流离失所；在统治阶级的压迫下，农民生活在水深火热当中，农民战争四起，西汉走上了崩溃的道路。此外，当时的自然灾害也非常严重。《汉书》载，元帝初元元年九月，"关东郡国十一大水，饥"；二年六月，"关东饥"；初元永光元年三月，"陨霜杀桑；九月二日，陨霜杀稼，天下大饥"；建昭二年冬十一月，"齐楚地震，大雨雪，树折屋坏"；建昭四年六月，"蓝田地沙石雍霸水，安陵岸崩雍径水，水逆流"；成帝年间，建始元年十二月，"大风，拔甘泉畤中大木十韦以上"；河平二年四月，"楚国雨雹，大如斧，蜚鸟死"；元延三年春正月，"蜀郡岷山崩，雍江三日，江水竭"；哀帝建平四年春，"大旱"。星斗运转异常现象和一些奇异的事件时有发生，使得人心惶惶。汉朝的统治举步维艰，秉政的王莽为了缓和当时的各种矛盾，出台相关政策，《月令诏条》就是其中之一。

二、汉代河西地区生态环境保护思想的传播

《使者和中所督察诏书四时月令五十条》的内容共有五十条，内容按性质可分为四类，第一类是依据阴阳五行行事的规定；第二类是关于保护生态资源的规定；第三类是保护农时、发展农业生产的规定；第四类是净化生活环境的规定。关于文中的疑难词句，胡平生和何双全两位先生已经做过详细的解释，并且探讨了每一条诏令的渊源以及历代演变情况。诏条所蕴含的生态保护的内容源于《吕氏春秋》及《礼记·月令》《淮南子·时则》等，在其基础上又有所改变，增加了与人民生活息息相关的保护农业生产的知识。《月令诏条》颁布以后，就被写在悬泉置房子的墙壁上，以便过往行人瞻仰。悬泉置的主要任务是接待出使的官员和来访的宾客，还负责接待国家公务传达人员等，该地在当时应该是一个人口比较集中的地方。因此，《月令诏条》颁布后，因为是政府派人所写，并派使者前往督察，河西地区人民争相前往观看，即便是下层的民众，虽然不懂其意，但出于好奇，通过周围人的口口相传也会弄清楚壁书的意思，这起到广泛的宣传作用。因此，《月令诏条》中的思想一定会在河西地区得到广泛传播。那么，《吕氏春秋》《礼记·月令》《礼记·王制》以及《淮南子·时则》所蕴含的生态保护思想在河西地区也得到了传播。[①]

三、汉代政府对河西地区生态环境的保护

《月令诏条》的颁布是王莽为了缓解西汉后期的社会矛盾而做出的努力，也是他篡权夺位过程中的一个步骤，但我们不得不承认，它的颁布也有深刻的现实意义。

从文中我们可以看出，虽然诏条内容残缺，但胡平生和何双全两位先生根据传世文献已将它尽量补出。《月令诏条》的内容主要来自《吕氏春秋》十二

---

① 刘丽琴：《汉代河西地区生态环境状况及保护管理研究》，西北师范大学硕士学位论文，2006年，第53页。

纪及高诱注本、《礼记·月令》及郑玄注本与孔颖达《毛诗正文》、《淮南子·时则》及高诱注本。《月令诏条》中关于环境保护的主张可以分为三类，第一类主要有：

  禁止伐木。·谓大小之木皆不得伐也，尽八月。草木零落，乃得伐其当伐者。

  毋摘勦（巢）。·谓勦（巢）空实皆不得摘也。空勦（巢）尽夏，实者四时常禁。

  毋杀□虫。·谓幼小之虫、不为人害者也，尽九［月］。

  毋杀孨。·谓禽兽、六畜怀任（妊）有胎者也，尽十二月常禁。

  毋夭蜚鸟。·谓夭蜚鸟不得使长大也，尽十二月常禁。

  毋麛。·谓四足……及畜幼少未安者也，尽九月。

  毋卵。·谓蜚鸟及鸡□卵之属也，尽九月。

  毋□水泽，□陂池、□□。·四方乃得以取鱼，尽十一月常禁。

  毋焚山林。·谓烧山林田猎，伤害禽兽□虫草木，正月尽……

  毋弹射蜚（飞）鸟，及张罗、为它巧以捕取之。·谓□鸟也□……

  毋大田猎·尽八□月。

  毋杀□虫（根据胡平生先生应该是"毋杀幼虫"），毋□水泽，□陂池、□□（根据胡平生先生可能是"毋竭水泽、漉陂池"），其意思是平时无论大小的树木都不能砍伐，只有过了八月才能砍伐那些应当砍伐的（指的是那些枯死以及生长过于茂密的）；禁止掏鸟巢，空巢过了夏季才可以掏，而实巢一年四季都禁止掏；整个一年都禁止捕杀怀孕的动物；也禁止射杀飞鸟；禁止射杀幼虫，因为幼虫对人类没有伤害；禁止捕捉麛鹿等动物；禁止采取飞鸟与生禽的蛋卵，过了九月就可以解禁，不能使池中的水枯竭，然后从中获取鱼儿；禁止放火焚烧山林，那样就会伤害林中的草木、禽兽；不要举行大规模的狩猎活动，到了八月以后，此禁令才可以解除。

第二类主要有：

　　毋筑城郭。谓毋筑起城郭也……三月得筑，从四月尽七月不得筑城郭。

　　毋作大事，以防农事。·谓兴兵正伐，以防农事者也，尽夏。

　　修利堤防。谓［修筑］堤防，利其水道也，从正月尽夏□。

　　道达沟渎。谓□浚雍（壅）塞，开通水道也，从正月尽夏。

　　开通道路，毋有［障塞］。·谓开通街巷，以□□便民，□□□从正月尽四月。

　　毋起土功。谓掘地［深三］尺以上者也，尽五［月］。

　　毋发大众。谓聚□□非尤事急……为务非缮……之属也……

　　毋攻伐□□。谓□……

　　驱兽［毋］害五谷。谓□……

　　毋大田猎。尽八☒月。

　　命百官，始收敛。·谓县官……

　　完堤防……谨雍［塞］……谓完坚堤□……［备秋水□］……

　　修宫室，□垣墙，补城郭。·谓附阤□……

　　……筑城郭，建都邑，穿窦［窖］，修囷仓。谓得大兴土功

　　……收，务蓄采，多积聚。·谓［趣］收五谷，蓄积……

　　乃劝□麦，毋或失时，失时行□毋疑。·谓趣民种宿麦，毋令……

【□种，主者】

　　命百官，谨蓋藏；谓百官及民□

以上所列种种，"毋筑城郭、毋作大事、毋起土功、毋发大众、毋攻伐□□、驱兽［毋］害五谷、毋大田猎"，要求人们在一些月份不要做所列的这些

事情，因为这些事情会妨碍农业生产；而"修利堤防、道达沟渎、开通道路、完堤防……谨雍［塞］……谓完坚堤□……［备秋水□］"等，要求人民修建水利设施，以利于农业灌溉等，实际上也是要保证农业生产的发展；"乃劝□麦，毋或失时，失时行□毋疑。谓趣民种宿麦，毋令……【□种，主者】"是要求官员督促人民进行农种，以免耽误农时；"命百官，始收敛。谓县官……筑城郭，建都邑，穿窦［窑］，修囷仓。谓得大兴土功……收，务蓄采，多积聚。谓［趣］收五谷，蓄积……命百官，谨蓋藏；谓百官及民□"等，则是要求官员及时督促百姓做好收藏和积蓄工作，以备来年发生灾荒。以上所列是国家以诏条的形式规定了官民每个月应该干和不应该干的内容，如果不按照此诏条的规定，那么势必会影响农业生产活动，而一旦农业歉收，就会发生饥荒，甚至造成人口流动，土地荒芜，时间久了，就会使得生态环境恶化。因此，保护农时，以便农业丰收，就是对生态环境的有力保护。

第三类主要有：

· 瘞骼貍骴。·骼谓鸟兽之□也，其有肉者为骴，尽夏。

在这一条中，瘞，意为掩埋。骼，指有肉的骨头。貍，通"埋"。骴，是鸟兽的残骨，意思是如果鸟兽死在野外，就将它埋葬了，不然散发出的气味会影响环境，甚至传染疾病。这是一则保护生态环境的规定。

《月令诏条》来源于前面所说的三书。在传世典籍中，它们是一种思想、一种号召，但在这里，它们被当作诏令颁布，全民皆知，于是它就成为法律。既然是法律，必然就对人的行为有约束性，人们不按照《月令诏条》所规定的去做，那就是违法。因此，《月令诏条》被颁布后，在现实生活中制约了人们的行为，对环境保护起了一定的作用。我们知道《月令诏条》颁布后，就具有法律效力，如果有违反或执行不力者，就要追究法律责任。《月令诏条》的具体执行情况，未见更多的资料，但东汉建武初期的几条简文可以说明一些问题。简文如下：

①● 甲渠言部吏毋

犯四时禁者　　　　　　　　　　　　　　　（E.P.F22:46）

②建武四年五月辛巳朔戊子甲渠塞尉放行候事敢言之诏书曰吏民

毋得伐树木有无四时言 ●谨案部吏毋伐树木者敢言之

（E.P.F22:48A）

③建武四年五月辛巳朔戊子甲渠塞尉放行候事敢言之府书曰吏民

毋犯四

时禁有无四时言 ●谨案部吏毋犯四时禁者敢言之（E.P.F22:50A）

④建武六年七月戊戌朔乙卯甲渠鄣候　敢言之府书曰吏

民毋得伐树木有无四时言 ●谨案部吏毋伐树木（E.P.F22:53A）

⑤建武六年七月戊戌朔乙卯甲渠鄣守候　敢言之府书曰吏

民毋犯四时禁有无四时言 ●谨案部吏毋犯四　（E.P.F22:51A）

⑥以书言会月二日 ●谨案部隧六所吏七人卒廿四人毋犯四时禁者调报

敢言之　　　　　　　　　　　　　　　　　（E.P.T59:161）

　　同遗址所出的答复上级督察的内容还有"私铸作钱，薄小不如法度，及盗发冢公卖衣物""嫁娶毋过令""毋得屠杀马牛""毋伐树木"等。"四时禁"应当就是《四时月令》所禁诸条。"四时禁"是我国古代根据生物生长规律在季节上制定的合理利用和保护资源的禁令。三番五次地强调吏民毋犯"四时禁"，足见对其重视程度。到了东汉时期，虽然王莽政权被推翻了，但是王莽颁布的《月令诏条》被保留下来了，在河西地区还具有法律效力。以上几条简文就是对《月令诏条》在河西地区执行情况的考察。虽然王莽在河西地区对《月令诏条》的执行情况不可考，那么东汉建武时期的考察性质应该是实实在在的。

　　此外，以上6枚简文的内容还能说明一些问题。这些简文都是建武年间的，内容涉及私铸钱、杀马牛、伐树木、盗家及遵令嫁娶等，为什么这一时期对这些问题格外重视？经过数年的战争，光武帝刘秀建立了东汉政权，东汉建立初期，国家经济凋敝，政权还不稳固，各地起义还没有被镇压。因此，当务之急是恢复和发展经济，以稳定局面。在这样的前提下，光武帝所颁布的种种政令都以恢复经济为目的。简牍规定不得屠杀马牛、不得砍伐树木、嫁娶中严禁浪费等，通过这些方式来可以积累财富。当然，不得私铸钱币表明政府要通过国家政权的力量来控制经济，从而牢牢地控制经济命脉，调整经济政策，进而促进经济的发展。这些措施的实施，既恢复了国家的经济，又起到了生态保护的作用。

《月令诏条》的颁布，从客观上起了环境保护的作用。主要表现为：第一，《月令诏条》颁布以后，《吕氏春秋》《礼记》以及《淮南子》所蕴含的生态保护思想在河西地区得到了广泛传播，这些生态保护思想从此深入人心，人们的生态保护意识增强，在日常的生活中也处处遵循，不敢违背，直接保护了当地的生态环境。第二，建武初年，河西地区继续严格执行《月令诏条》的规定，其目的为尽快恢复经济，但由于它要求人民不杀马牛、不砍伐树木，以便积聚资源，这起到了环境保护的作用。

因此，汉代河西地区的环境保护工作，具体成效如何，汉简资料没有记载，但我们可以看出，汉代政府对河西地区的环境保护工作相当重视。

第三章

唐代河西地区生态变迁及生态文化

河西地区的生态环境历经隋唐发生了很大变化。安史之乱前，由于丝绸之路贸易以及科学技术的发展，甘肃农牧业发展比例协调，森林覆盖率明显提高，沙漠化倾向得到有效遏制，生态环境处于良性发展时期；安史之乱后，由于时局动荡，甘肃生态环境遭到很大破坏。唐代的生态文化在敦煌壁画以及敦煌文书中有记载，敦煌壁画以山水、花鸟的形式体现了唐代民众对青山绿水、花草树木的喜爱和追求，敦煌文书中记载了唐代生态环境的教育、生态伦理以及对生态环境的保护意识。

第一节　唐代河西地区生态环境的变迁

隋唐时期，由于丝绸贸易在甘肃蓬勃发展，河西地区非常的富庶，当地人多以贸易为生，种植业经济占比较低，畜牧业经济的比重较前有所增加。伴随着唐代大规模开发，河西地区的人口成倍增长，对林草植被的砍伐和水资源的利用更是有增无减，日益频繁的经济活动和对自然的无序开发，在一定程度上影响了自然资源的可持续开发和利用。

一、唐代石羊河水系的变迁

对河西绿洲长期的土地开发中，人类的经济活动强烈地干预了自然绿洲的水循环过程，引起了一系列水文效应和生态环境的变化，造成了许多湖泊的逐渐干涸和一些河流改道，导致了水量、水情以及水盐运动状况改变。人们盲目开垦，无计划地大量引灌等对水资源不合理的、掠夺式的开发利用，又使得河西有限的水资源奇缺，水土利用方面的矛盾不断加剧。

（一）猪野泽的变迁

自石羊河流域大规模开发以来，在人类活动的强烈干预下，打破了流域水系的自然平衡状态，古猪野泽遂经历了巨大的变化。

猪野泽又名潴野泽，或名都野泽，为发源于河西走廊东段石羊河的古终闾湖泊，在历史上颇有名气。早在《尚书·禹贡》中就有"原隰底绩，至于潴野"的记载，传说当年大禹治水曾西至于此。学界历来认为《尚书·禹贡》中的"潴野"即是石羊河下游的终闾湖。《汉书·地理志》"武威县"条曰："林屠泽在东北，古文以为猪野泽。"可见汉武威县位于今民勤县泉山镇西北约10千米的连城遗址，其东北数十千米之外正是石羊河古终闾湖区的所在。

汉代以后，本区的土地开发经历了多次种植业和畜牧业交替，以种植业经营为主时，终闾湖面积缩小，当以畜牧业经营为主时，终闾湖面积又扩大，湖泊面积的大小随土地利用方式的差异和开发规模的大小而变迁。隋唐大规模开发时，本区的耕地面积较西汉近乎翻了一番，灌溉用水自然加倍，加之人类破坏固沙植被引起风沙壅塞湖区，以及气候似趋干燥等原因，终闾湖日益干涸。唐代东海仍称猪野泽或名狄回海，西海称为白亭海，或仍名曰休屠泽。两海面积虽无明确考证，但由盛唐时期下游绿洲因水源不及而迫使农田大片弃耕的史实可以推知，此时期注入终闾湖的水量可能只有洪水、冬春农闲余水和地下径流了，湖面大部分已干涸。唐安史之乱后，本区被游牧民族控制，农业生产呈衰势，终闾湖水源丰富，面积扩大。

（二）石羊河河道的变迁

在长期的历史开发中，随着绿洲地表水源被人们大量引灌，石羊河水系的自然河道多被人工渠道所代替。随着不同时期绿洲农牧业土地利用方式的交替，本区许多渠道又经历了多次变迁，由于历史上沙漠化进程的不断加剧，下游绿洲的河流又曾发生过较大的改道迁徙。

汉代石羊河（谷水）下游绿洲主要分布在今民勤西沙窝一带，其主要灌溉渠道亦应贯穿西沙窝之地，由南而北，约在汉武威县（连城遗址）附近分为两支，分别注入终闾湖的东、西二海。《水经注·地理志》曰："谷水出姑臧南山，北至武威入海，届此水流两分，一水北入休屠泽，俗谓之为西海；一水又东经一百五十里入猪野，世谓之东海。通谓之都野矣。"这一径流走势一直延续到盛唐。

唐代前期，石羊河下游绿洲仅设武威一县，该县设立了27年，于武则天证圣元年（695年）废弃。此后，偌大的下游绿洲竟空无一县，标志着整个下游绿洲沙漠化已很明显。武威县未废之前，石羊河下游干流仍循汉代以来的故道，其灌溉网系据卫星影像可解译复原。其后，随着沙漠化愈演愈烈，下游绿洲的灌渠、河道亦遭受强烈的风蚀和沙埋，以致彻底废弃，汉唐以来的灌溉绿洲亦随之荒废。[①]

河道的废弃改迁及其灌溉绿洲的荒废，使得无水流经的沙质平原在风力作用下，流沙壅起，逐发展成具有吹扬灌丛沙滩、低矮新月形沙丘和沙丘链的景观；绿洲外围的沙丘亦因绿洲水分条件的变化和失去植被保护而前移，加速沙漠化过程。水系状况的变化乃是引发本区沙漠化的主要途径之一。

二、唐代祁连山水源涵养区植被的破坏与演变

唐代以降，祁连山区林草资源被已破坏。撰于唐代前期的《沙州都督府图经》（P.2005）描述了甘泉水（今党河）上游河谷概况："美草""瀑布、桂鹤""蔽亏日月""曲多野马、牦□""狼虫豹窟穴""山谷多雪"等。虽仅存只言片语，但可见祁连山西段林草茂密之况：山高林深以至于蔽日掩月，雨雪丰沛，瀑布长悬，鹤、狼、豹、牦牛等禽兽出没山间，在较宽阔的河曲滩畔野马徜徉……这种境况在今天已不多见。[②]

伴随着唐代大规模的开发，河西的人口成倍增长，开发的规模远胜于前，祁连山区林草的砍伐更是有增无减。《新唐书·张守珪传》亦记："州地沙瘠不可艺，常潴雪水溉田。是时，渠堨为虏毁，材木无所出。守珪密祷于神，一昔水暴至，大木数千章塞流下，因取之，修复堰防，耕者如旧，州人神之，刻石纪事。"可见修复灌溉水渠堤堰需要大批木材，顺河漂流而来的"大木数千章"，无疑是伐自瓜州南面的祁连山区。[③]

修筑渠堰的用材如此，建造佛寺洞窟亦需大量耗材。唐代丝绸之路空前兴盛，佛教得到广泛传播，在前代修凿的基础上，河西各地建窟之风大盛，莫高窟、榆林窟、西千佛洞等许多沿祁连山麓开凿的石窟发展达到极盛。如莫高窟

---

① 李并成：《河西走廊历史时期沙漠化研究》，科学出版社，2003年，第198页。
② 李并成：《河西走廊历史时期沙漠化研究》，科学出版社，2003年，第171页。
③ 李并成：《河西走廊历史时期沙漠化研究》，科学出版社，2003年，第171页。

在圣历年间已"计窟一千余龛",当时所造的北大像(今96窟)主佛高33米,为仅次于乐山大佛的第二大佛,外侧建九层楼阁以罩之,其工程浩大,足以证明所需木材之多。

唐代末期的S.5448《敦煌录》记载了莫高窟木构建造内容,莫高窟的云楼、飞阁、玉宇、重轩、雕檐、虚栏、绀窗、绣柱、嶝道等皆需选用优质木材建造,如此宏伟壮观、富丽堂皇、令人瞠目,可想而知其所费林木之巨。P.3540记比丘福惠等14人发心修窟所,"所要色目材梁,随办而出"。当时获取林木显然较为容易,林产地即在附近的祁连山区。除莫高窟的木构建造外,唐宋时敦煌尚有榆林窟和西千佛洞,另有17所寺院和百余所家寺,有些寺院的规模也相当大。如P.3770记大云寺:"巍峨月殿,上耸云霓;广厦星宫,傍吞霞境。乌轮未举,金容豁白于晨朝;兔月荒昏,曦晖照明于巨夜。丹窗绀凤,晃耀紫霄;宝柱金门,含凤吐日。"S.3905记,唐天复元年(901年),金光明寺为修窟架设大梁专撰了一篇《上梁文》:"猃狁狼心犯塞,焚烧香阁摧残。合寺同心再建,来生共结良缘。梁栋刻仙吐凤,盘龙乍去惊天。便是上方匠制,直下屈取鲁班。"其所用木材必然不会少。这些仅是敦煌一地的情形,河西各地寺窟建造对祁连山林木的砍伐之巨由此可以推见。[①]

三、唐代河西地区的动物资源

根据敦煌文书和壁画资料可以看出,唐五代时期河西地区的野生动物主要有黄羊、野马、狼、狐、豹、鹿、鹰、雁等。

黄羊。在各个时期的文献与壁画中,均有黄羊的身影。如P.2629《(年代不明)归义军衙内酒破历》中有"支纳黄羊儿人酒一瓮",P.2622V白描动物画中有"此是黄羊"的一幅图。

野马。敦煌地区出产野马的确切记载可以追溯到汉代。P.5034《沙州图经

---

① 李并成:《河西走廊历史时期沙漠化研究》,科学出版社,2003年,第173页。

残卷》记："寿昌县东南十里有寿昌海，即汉之渥洼水，出天马。"引《汉书·孝武本纪》载："元鼎四年秋，马生渥洼水中，作天马之歌。"李斐曰："南阳新野有暴利长，当武帝时遭刑，屯田敦煌界，数于此水旁见群野马中有奇异者，与凡马异，来饮此水。"可见，汉代敦煌地区野马数量相当可观。

到了唐代，野马在敦煌地区数量仍然庞大。P.2005《沙州都督府图经》残卷中有"曲多野马"的记录，联系上下文可知，其中"曲"指的是党河的河曲地带。此外，S.6452《辛巳年（981年）十二月十三日周僧正于常住库借贷油面物历》中也有"（七月）十五日，连面伍斗，达坦边买野马皮用"的记录，虽未言及数量，但同样可以证明此时敦煌有野马分布。

狼。敦煌文书中关于狼的记载较多。如P.2629《（年代不明）归义军衙内酒破历》中有"廿一日，衙内看于闻使酒一瓮，支打狼人酒一角"；P.3441V《康富子雇工契》中有"若是放畜牧，畔上失却，狼咬煞，一仰售（受）雇人抵当与充替"；P.2005《沙州都督府图经》残卷中有"大周天授二年得百姓阴守忠状称：白狼频到守忠庄边，见小儿及畜生不伤，其色如雪者。"从P.2629和P.3441中的记载来看，当时家畜遇狼袭击的事情时有发生。归义军时期有专门的"打狼人"，这从侧面反映了这里的狼具有一定的种群规模。

鹰。在飞禽类中，鹰在文书中记载次数较多。如P.4640《己未年—辛酉年（899—910）归义军衙内破用纸布历》中有"又同日，支与把鹰人程小迁等三人各支粗布半匹""廿二日，支与网鹰人程小迁画纸一帖"的记载；P.2629《（年代不明）归义军衙内酒破历》中有"同日，神酒五升，支黑头窟上网鹰酒一斗""廿九日……支捉鹰人神酒一斗""卅日，捉鹰人神酒一角""十八日，支平庆达等捉鹰回来酒一瓮""十月二日，支清汉等网鹰酒一斗"的记载；S.6306《归义军时期破历》中有"网鹰人麦三斗"等。从内容上看，这些记载都与"捉鹰""网鹰"有关，并且受到归义军的支持，足见这种活动相当重要。至于被捉来的鹰，一些应是作为贡品进献于唐朝。《旧唐书·懿宗本纪》载"（咸通七年）七月，沙州节度使张义潮进甘峻山青骹鹰四联"，此即是例证。

　　唐代以来，伴随人类活动范围的扩大，人们对本区的地理环境有了更广泛的认识，出现了许多以野生动物命名的地方。据河西各地方志记载，武威境内有黄羊川、黄羊渠、黄羊镇、狼沟墩，镇番境内有狼跑泉山、狼槽湖、野潴湾、野马泉，永昌境内有野马川、矮鹿泉、鹿泉、狼洞口墩、獾猪子墩，古浪境内有狼牌山、野马墩、白虎岭、黄羊川、黄羊坝、青羊水等。透过这些地名，我们可以看出当时河西野生动物非常丰富，亦可看出这一时期这些动物的地理分布。当然，地名中最多的是与黄羊（青羊、羚羊）、野马、鹿、狼等有关，这反映出这些野生动物可观的种群规模。当然，一个不可否认的事实是，这一时期随着人类经济活动的日益频繁，对大自然的无序开发在一定程度上已影响自然资源的可持续利用。

四、唐代河西地区的自然灾害

　　河西地区风大而急，高出地面 10 米且平均风速在每秒 30 米时就会形成暴风。因河西地区春季干燥且多风，故该地区的风沙多出现在春夏两季。史籍中经常出现大风"发屋拔树"以致百姓被压死的记载，且暴风会摧残庄稼、幼苗，造成田地减产。《隋书·五行志》记载，由于河西地区多有沙漠、戈壁，大风起时便会形成沙暴肆虐、天昏地暗的现象，在隋代时还发生了因暴风袭击导致百姓被卷至上空坠地而亡的情况。

　　雪灾与霜冻属于河西地区的多发灾害，唐代前期雪灾对军事战争的影响较大，也因此被记载下来。开元年间，唐朝与突厥和吐蕃均在河西地区交战。《新唐书·突厥传》记载，开元九年（721 年），突厥掠凉州，都督杨敬述欲与其决战，元澄命令士兵裸臂待发，然当时恰逢寒冬，大寒裂肤以致士兵尽坠弓矢，唐军此次失利。《资治通鉴》记载，开元十四年（726 年），吐蕃大将悉诺逻侵略大斗拔谷后进攻甘州，大肆焚掠后，在回程路上"会大雪，虏冻死者甚众"，吐蕃残军便经小积石山回归其境。此次兵事以吐蕃军溃逃而结束。大斗拔谷位于今甘肃省民乐县城关镇东南 35 千米的扁都口，气候常年较为寒冷。

隋大业五年（609 年），炀帝巡视陇右，六七月间，率领将士过大斗拔谷，四十多万大军，冻死者大半，可见这一地区气候之恶劣。[①]

霜冻多出现在早春或晚秋，正值禾稼出芽、庄稼将收之时。河西、陇右的渭河流域及其以北是霜冻危害的主要灾区。《册府元龟》《旧唐书》《新唐书》中记载，贞观元年（627 年）七月，"关东、河南、陇右及缘边诸州霜害秋稼"，翌年"天下诸州并遭霜涝"，只有陈君宾所统境内独免灾害，贞观三年（629 年），"北边霜杀稼"。由此可以看出，霜冻灾害是北方地区最常见的自然灾害，在陇右、河西表现尤甚。

饥馑主要由自然灾害造成，战争、苛政也会造成百姓食粮不足从而引发饥荒。《新唐书》记载，武德元年（618 年），凉州发生饥荒。唐太宗即位之初，北方面临突厥的军事压力，而国内大范围自然灾害频发，《贞观政要·政体》载："是时，自京师及河东、河南陇右，饥馑尤甚，一匹绢才得一斗米。"当时饥荒严重，陇右、京师与河南地区尤为严重，饥馑造成粮价上涨，受灾百姓无力买粮，由此产生了众多流民。

广德元年（763 年），吐蕃攻入大震关，这一时期的重点灾害是蝗灾，蝗灾多随旱灾而产生。蝗灾多是大范围产生，群飞蔽天，以啃食草木禾麦，所过之处禾稼荡然无存，使得百姓无所食，而旱灾、蝗灾与饥馑的连接作用催生了疫疠，这加剧了百姓的不安，社会动荡。

唐代中后期，河西地区地震频发，至德元年（756 年）与至德二年（757 年），河西接连发生两次地震，以张掖、酒泉地区较为严重。《永登县志》载，长庆元年（821 年）该地区"地震，冬无雪"，地震造成伤亡，而冬季无雪易引发春旱及蚜蚧虫害。唐中后期，回鹘占据甘州。[②] 开成四年（839 年），吐蕃已占据河西陇右之地，该年陇右境内发生地震，造成水泉涌出，岷山发生山体

---

① 刘满：《隋炀帝西巡有关地名路线考》，《敦煌学辑刊》，2010 年第 4 期，第 16—47 页。
② 苏北海、周美娟：《甘州回鹘世系考辩》，《敦煌学辑刊》，1987 年第 2 期，第 69—78 页。

崩塌；洮水因地震造成地形地势改变而致逆流，"鼠食稼，人饥疫"。当时这一地区属吐蕃统治，水灾、瘟疫、鼠灾使得吐蕃国力被消耗，一蹶不振。《新唐书·五行二》记载，大中三年（849年），西部的地震波及河西地区和周围的上都、振武、灵武等地，造成庐舍坍塌，百姓死伤数十人。《旧唐书·宣宗纪》记载："十月辛巳，京师地震，河西、天德、灵、夏尤甚，戍卒压死者数千人。"

第二节　富庶陇右——唐代河西的大规模开发

唐朝把河西地区作为根据地，背靠河西，面对东南。褚遂良曾上疏唐太宗：“河西者，中国之心腹。”因此，唐朝在建立与巩固政权过程中，先着眼于河西，然后面向东南。在战略上如此，在政策上也是如此。《旧唐书》记载，高宗时“凉州南北不过四百余里，突厥、吐蕃频岁奄至城下，百姓苦之”。在这种情况下，武则天和唐玄宗时期，在河西推行了有效的军政方针，如增加河西的屯防军队，提高将士素质和战斗力，改变防卫策略等。河西边防得到巩固，经济上大搞屯田，兴修水利，发展畜牧业。

一、人口增长第二个高峰

如果说西汉是河西人口发展的第一个高峰期，那么唐代就是河西人口发展的第二个高峰期。隋代河西地区恢复统一，政治形势稳定。为开发河西而“谪天下罪人配为戍卒，大开屯田”。人口增长速度较快。[①]

隋唐之际，因吐蕃入侵，河西人口再度下降，“十室九空，数郡萧条”，“土薄民贫”，社会经济残破。贞观四年（630 年），战乱才结束，“始就农亩”。经过 9 年的增长，贞观十三年（639 年），河西地区已有 1.8 万户，人口 7.2 万口，户数已恢复到隋大业五年的 80%。[②]唐代河西地区农业发达，“数年丰稔，乃至一匹绢余数十斛，积军粮至数十年”。畜牧业也很兴旺，“牛羊被野，路不

---

　　① 尹泽生、杨逸畴、王守春：《西北干旱地区全新世环境变迁与人类文明兴衰》，北京：地质出版社，1992 年，第 83 页。

　　② 尹泽生、杨逸畴、王守春：《西北干旱地区全新世环境变迁与人类文明兴衰》，北京：地质出版社，1992 年，第 83 页。

拾遗"。人民生活安定，沙州（敦煌）一带"花草果园，豪族土流，家家自足"。丝绸贸易畅通无阻，"西域商往来相继，所经郡县，疲于迎送"。唐代优越的社会经济条件，为人口增加奠定了基础。到天宝元年（742年），河西地区户3.6万，人口16.2万，比贞观十三年（639年）增加了2.23倍。

唐代石羊河流域的凉州（今武威）是河西地区的政治、军事、经济中心，"土沃物繁而人富乐"。商业贸易发达，"襟带西藩葱右诸国，商侣往来，无有停绝"。凉州城内商人、服务人员众多，城外农业生产发达，是河西人口最密集的地区。天宝年间石羊河流域人口数较贞观年间增长3.3倍。

黑河流域包括甘州和肃州，天宝年间人口数较贞观年间增加1.6倍，大大低于石羊河流域的增长速度，这说明唐代石羊河流域经济比黑河流域发达。疏勒河流域包括瓜、沙二州，疏勒河流域人口增长速度远远低于东部石羊河流域，其人口所占比重逐渐下降，贞观年间占28%，天宝年间仅占13%，不及石羊河流域的五分之一，为西汉以来最低点。

唐代天宝年间是河西人口发展的第二个高峰期，河西人口162086人，但这仅仅是州郡编户数目。实际上有大量人丁没有统计在内。如河西军屯有98屯，其以小屯千人计算就有近10万人。再如民屯中有相当一部分是编户之外招致而来的流民和浮户。另外，还有大量的僧尼，天宝年间多达1.2万人。[1]粗略统计，河西走廊人口当在30万左右。《新唐书·食货志》记载："唐开军府以捍要冲，因隙地置营田。"《通典·屯田》记载："新置者并取荒闲无籍广占之地。"这说明由河西境外迁徙来的屯田者耕种的土地并非河西原有农田，而是重新开垦的荒地。这些地方必然靠近水源，具有较好的地表植被。所以，唐代同时也是屯田开垦的高潮期。[2]

---

① 吴廷桢、郭厚安主编：《河西开发史研究》，兰州：甘肃教育出版社，1996年，第196—197、208页。

② 吴晓军：《河西走廊内陆河流域生态环境的历史变迁》，《兰州大学学报》，2000年第4期，第45页。

二、军民屯防，扩大屯田规模

唐廷进驻河西最早可追溯到平定隋末李轨割据政权之后。李轨政权最为强盛之时，除了占据河湟地区的西平、抱罕等地之外，张掖、敦煌等地也被其攻占，"尽有河西五郡之地"。唐廷在得到以凉州为中心的"河西五郡"之后，以此为粮草根据地，先后解决吐谷浑和高昌问题。虽然没有史料直接表明河西走廊地区在武周之前进行过屯垦，但迫于南方和西方吐蕃扩张的军事压力，可以推断河西走廊地区在唐初应该是有相当规模的军事屯垦存在的。《全唐文》记载，垂拱元年（685年）前后，陈子昂上书武则天："臣伏见今年五月敕，以同城权置安北府……顷至凉州，问其仓贮，惟有六万余石，以支兵防，才周今岁……屯田广远，仓蓄狼籍，一虏为盗，恐成大尤……甘州状称，今年屯收，用为善熟，为兵防数少，百姓不多；屯田广远，收获难遍……今瓜、肃镇防御仰食甘州，一旬不给，便至饥馁。"

这则史料表明，垂拱元年（685年）之时，凉州和甘州已经有相当数量的屯田，并且甘州的屯田距离州城较远，由于劳动力的限制，很难全部收获。同时，上述史料也透露出几点极为关键的信息。其一，由于屯垦的时效性较强，从开垦、播种到农作物成熟需要的时间较长，这说明当时的甘州、凉州在垂拱之前极有可能已经有了相当规模的屯田。其二，垂拱之际，凉州应该是河西走廊上规模最大的屯垦地区。六万余石的粮食储存勉强够驻军一年的消耗，说明驻军数量是极其庞大的，[①]从另外一个角度来看，这也说明凉州的军事屯垦有充足的劳动力保障，因此其屯田规模也应该是最大的。其三，凉州的屯垦在时间上与黑齿常之在河湟地区的屯垦相距数年，结合当时的军事形势可以推断，在高宗之前，河西走廊地区作为河湟地区军事行动的后方，其屯垦出现的时间

---

① 按前文中己引张泽咸先生"每丁一年食粮七石二斗"的推断来计算，陈子昂视察的时候是五月之时，6万石粮食够"今岁"的消耗即为半年的消耗，由此可推凉州城此时的常驻军队至少应该有近2.5万人。《元和郡县图志》中所载凉州城内赤水军的数量为3.3万人，是为例证。

应该是不晚于后者的。其四，"今瓜、肃镇防御仰食甘州，一旬不给，便至饥馁"，清楚地表明至少在武周初期，河西走廊地区的屯垦主要集中在凉州、甘州、沙州、瓜州、肃州，由于自然条件的限制，"地多沙碛，不宜稼穑，每年少雨，以雪水溉田"，能够进行屯垦的地方极其有限。武周后期，河西走廊上的屯垦情况和之前类似，凉州、甘州仍然是屯垦的中心地。此时的甘州、凉州基本上互为依靠，成为唐朝经营西域和河湟的重要补给地，屯垦自然也被放在极其重要的位置上。

开元、天宝年间，河西走廊依旧面临严峻的军事压力。西部的沙州依然被吐蕃和突厥围困，东部的甘州、凉州更是突厥和吐蕃觊觎已久之地。越是军事压力大的区域，其驻军规模就会越大，进而对屯田规模的需求也就会越大。天宝年间，募兵制的施行在无形之中促使各节度使将屯田提升到空前的高度。安史之乱之后，河西走廊也相继失陷，虽然敦煌没被吐蕃攻陷，但从事实上来说，河西走廊已经失去了屯垦的军事保障和军事需求。这一时期的屯垦记载大多是地方官员主导下的民间屯垦。

有关唐代河西地区的屯田数量，《唐六典》记载，开元盛世的河西屯田数，赤水（今武威西）36屯，大斗（今永昌西）16屯，建康（今高台县）15屯，甘州（今张掖）16屯，肃州（今酒泉）7屯，玉门5屯，共计98屯，其中赤水、大斗、建康都在凉州境内。另外，《通典》记载，开元二十五年（737年），朝廷颁布诏令"隶州镇诸军者，每50顷为一屯"。照此计算，唐代河西地区屯田鼎盛时期的屯田面积达到近5000顷左右，其数量是相对可观的。

三、樵采放牧，发展畜牧业

唐廷在得到以凉州为中心的"河西五郡"之后，一直到高宗时期，河西走廊诸州都是唐廷安置周围内附游牧族群的地方。《旧唐书》记载，贞观六年（632年），突厥契苾何力"率众千余家诣沙州，奉表内附，太宗置其部落于甘、凉二州"。《资治通鉴》记载，龙朔三年（663年），吐谷浑可汗诺曷钵等人"奔走凉州，请徙居内地"。安置内附游牧族群到河西走廊地区的记载在武周时期仍然存在，因此研究者认为，在武周之前，河西走廊地区的农业生产类型是以畜牧业为主。

畜牧业是游牧民族的主要农业方式。唐代西北地区的主要游牧族群有十余种，畜牧业是唐代西北地区游牧政权存在的农业基础。他们或以此为财产与唐廷进行贸易，或以牲畜为食物来保障生存。一旦遭遇严重的自然灾害而导致牲畜损失惨重，其政权便开始动荡，甚至被其他部族兼并。由此来看，畜牧业是西北地区诸游牧民族的生存保障。

为了应对来自北方、西北方的游牧族群的军事压力，唐代对马匹的重视程度一直很高。唐初李渊起兵之时，"士众已集，所乏者马，蕃人未是急须，胡马待之如渴"①，李渊甚至因此向突厥称臣换马，可见唐初对马匹的需求程度。正是在统一战争中所积累的经验，唐廷比前代更重视马匹，因此才在陇右、关内广设官营畜牧业机构——监牧。除了边地的军事需求之外，唐代的邮驿制度也需要大量的马匹，这无形之中也加大了社会对马匹的需求。除此之外，唐代崇尚骑马和马上运动的社会风尚表明，马匹在整个唐代社会有相当大的保有量，其背后是需要强大的畜牧业生产做保障的。唐代诗歌和绘画中经常能见到妇女胡服乘马的描写。皇帝出猎、打马球等情况也经常见诸记载。民间无论是商贾还是市井无赖都竞相乘马。整个社会对马匹的大量需求，使唐代极为重视马匹的饲养和管理，除了监牧以外，还经常从游牧民族那里互市大量马匹。

食肉习惯也促使西北地区的农耕区保有一定规模的畜牧业。游牧民族食肉的习惯自然不必多说，整个西北地区在唐代时也深受"胡食"习惯影响，对肉类的需求量极大，其中又以为羊肉居多。《唐六典》记载，"凡亲王已下常食料各有差……每月给羊二十口；猪肉六十斤；鱼十头"，甚至在五品以上官员的食料中只有羊肉没有其他肉类。这就表明羊肉在官员日常生活中较为常见且是

---

① ［唐］温大雅：《大唐创业起居注》，上海：上海古籍出版社，1983 年，第 10 页。

食用量较大的肉类。这些羊肉或来自监牧等国营畜牧场所，或来自民间自行饲养。

从游牧民族的农业方式、唐廷对马匹的需求、食肉习惯等方面可以看出，唐代畜牧业已经融入西北地区军事、社会等各个方面。对唐廷而言，西北地区的畜牧业是唐初国防政策的基石之一；[①] 对百姓而言，畜牧业是生活物资来源之一，关系到饮食、出行等方面。

随着畜牧业的发展，对饲草的需求量也大大增加。敦煌遗书《唐天宝年代敦煌郡见在历》（P.2626 背、P.2862 背）载："郡草坊，合同前载月日见在草总四万三千四百二十七围。"可知当时敦煌郡专门设有草坊，以贮藏从绿洲边缘等处伐刈来的当作饲料的草。大规模的放牧和刈伐，对草被资源的破坏非常大，但后果更为严重的是采打草籽。唐代前期《沙州仓曹会计牒》（P.2654）记载，沙州官仓中贮存粮食、油品、铜钱等，同时还有草籽"一千七十八硕四斗四胜四合二勺草籽"。官府收纳草籽主要用于马匹等的精饲料，草籽的大量"打得"对草资源的繁育更新造成严重破坏，对草场的恢复带来恶劣影响。

四、唐代河西水利开发

唐前期的水利开发具有保障土地灌溉、促进粮食丰收，进而赈济内地的作用。唐朝建立之初，河西"积困夷狄，州县萧条"，人口稀少，水利建设遭到隋末战乱破坏，在唐政府采取有力措施的情况下，水利设施得到恢复与发展，这对保障粮食的生产十分有利。《旧唐书》记载，甘州刺史李汉通利用当地水利，发展屯田，"旧凉州粟麦斛至数千，及汉通收率之后，数年丰稔，乃至一匹绢籴数十斛，积军粮支数十年"。可见，水利发展对河西地区农业生产作用显著，不仅降低了米价，还改善了粮食收获状况，在满足当地粮食供给之外，还能转输关中，防备灾年。《新五代史·田夷附录》记载："当唐之盛时，河西、

---

① 马俊民、王世平：《唐代马政》，西安：西北大学出版社，1996年，第5页。

陇右三十三州，凉州最大，土沃物繁而人富乐。"河西地区因而昌盛一时，成为当时富裕的地区。《资治通鉴》记载："自安远门西尽唐境凡万二千里，闾阎相望，桑麻翳野，天下称富庶者无如陇右。"

河西地区的水利开发，在于水资源的获取，从而满足当地用水需求。然而对水资源的获取适度与否，对河西地区的生态环境有着很大的影响。唐代河西地区对水资源的开发利用，遵循着"节水"原则，使当地生态环境朝着良好的一面发展。岑参《敦煌太守后庭歌》载："太守到来山出泉，黄沙碛里人种田。"[①]诗中歌颂敦煌太守开展水利建设，使得黄沙地变为田地，用以耕种，从侧面反映河西当地的水利合理开发对当地生态环境的改善。此外《沙州都督府图经残卷》提到沙州"州城四面水渠，侧流觞曲水，花草果园，豪族士流，家家自足。土不生棘，鸟则无鸮。五谷皆饶，唯无稻黍。其水灌田即尽，更无流派"[②]。沙州当地造渠引水，用于城区灌溉，以致花草丛生，这充分说明水利对河西地区生态环境维护的重要性，水到之处，树木成荫，否则黄沙遍地。水利的合理开发具有平衡生态的作用。

过度的水利的开发对生态环境具有破坏作用。《新唐书》记载，张守珪为了修复瓜州水渠，派人采伐数千木材，作为修复渠道的材料。这种大规模采伐树木，无疑是对生态环境的严重破坏。而河西其他地区也采用木材作为修渠物料，修建水渠，对生态影响较大。森林面积减少，抵御风沙的作用减弱，土地沙漠化也会加剧，对河西地区的生态环境造成恶劣的影响。

---

① ［唐］岑参:《敦煌太守歌》，载《全唐诗》，北京：中华书局，1960 年，第 2056 页。

② 唐耕耦、陆宏基:《敦煌社会经济文献真迹释录》第 1 辑，北京：书目文献出版社，1986 年，第 3 页。

第三节　安史之乱后河西沙漠化扩张

唐代河西绿洲的开发地域，主要集中在中游平原地区。中游绿洲的大规模开发，封建经济的高度发展，需要大量引水灌溉，必然使流入下游平原的水量越来越少，绿洲中、下游的土地开发出现了相互制约的后果，加之下游绿洲位处风沙前沿，较之中游绿洲其生态环境更为脆弱，潜在沙漠化因素更强，很容易招致沙漠化的发生。同时，从气候上看唐代河西可能处于相应的干旱期，因而水源总量相对较少，易于诱发沙漠化。

唐代中后期发生沙漠化的地域主要有民勤西沙窝大部、民勤端字号—风字号沙窝、张掖"黑水国"北部、金塔东沙窝南部、芦草沟下游南部和东部、古阳关绿洲等，沙漠化总面积约 1760 平方千米。有些地区的沙漠化过程持续至五代、北宋。

一、民勤西沙窝大部

石羊河下游民勤西沙窝北部三角城周围和其西南部沙井柳湖墩、黄蒿井、黄土槽一带，早在汉代后期即已沙化荒弃，而西沙窝古绿洲大部分地区（约660 平方千米）的沙漠化过程则出现在唐代后期。

唐代石羊河流域的开发地域主要集中在中游平原。李并成先生考得当时凉州辖 6 县，其中 5 县即在石羊河中游绿洲平原，仅有武威 1 县置于下游绿洲平原（仍置于汉武威县故城，今连城遗址），并且该县仅仅存在了 27 年即行废弃。唐武威县何以废弃？此外，下游绿洲为什么再没有设置其他县？其原因在于中游地区的盲目开垦，超规模发展绿洲，从而使流入下游地区的水量不足，且与下游地区固沙植被的大量破坏有关。绿洲中、下游间的土地开发和生产发展可谓此消彼长、互相制约，导致严重的环境后果。

唐代前期石羊河中游凉州一带大兴垦耕，经济迅速发展。《册府元龟》记载，长安中凉州"遂斛至数十钱，积军粮可支数十年"。粟斛售价从原来的数千钱降至数十钱，囤积的军粮可支十年乃至数十年，实为历史所罕见。安史之乱发生后，中使骆承休还曾建议玄宗避居凉州。《资治通鉴·唐纪》记载："姑臧一郡，尝霸中原，秦、陇、河、兰皆足征取，且巡河右，驻跸凉州，剪彼鲸鲵，事将取易。"虽未前往，但也足以说明凉州的富足强盛及其在全国局势中的重要地位。

中游绿洲凉州一带的惊人发展，必然大量耗用灌溉水源，严重影响流灌下游地区的水量，这一时期中游地区土地大规模开发所带来的经济繁荣在一定程度上是以下游地区的土地荒芜作为代价的。从这一点而言，中游开垦愈烈，注入下游的水量愈少，则下游荒芜愈甚。同时，由于唐代前期相应干旱，流域水源总量相对较少，促成了沙漠化的产生。①

自汉迄唐，石羊河下游古绿洲沙漠化发生的过程有两个阶段：初期发生在下游绿洲最北部的三角城周围和西南部沙井柳湖墩一带，后期（唐代）则发生在从北到南的整个下游绿洲平原。昔日田连阡陌的西沙窝绿洲彻底成了荒漠，反映在沙漠化土地景观的变化上，则呈现出由北而南带状差异的特色：①新月形沙丘与沙丘链（三角城以北、以西）；②半固定白刺灌丛沙堆（白刺覆盖度30%左右）间有部分新月形沙丘和沙丘链（三角城附近及其南部、东部）；③固定、半固定白刺灌丛沙堆（白刺覆盖度50%—70%，西沙窝中、南部）。这种变化反映了受沙漠化作用时间长短的不同所表现出的沙漠化程度的差异，及由此所影响的地下水状况的差别。②

---

① 李并成：《河西走廊历史时期沙漠化研究》，北京：科学出版社，2003年，第253页。
② 李并成：《河西走廊历史时期沙漠化研究》，北京：科学出版社，2003年，第253页。

二、端字号—风字号沙窝

位于石羊河下游今民勤县东北约 50 千米处、西渠镇西南部的端字号—风字号沙窝的地貌景观类似于西沙窝连城、古城一带。这片面积约 115 平方千米的古绿洲早在沙井文化时期即有人类活动。从端字号和火石滩两处遗址的分布特点看，傍河近湖，绿洲先民们利用这里较丰富的自然水源从事原始种植和畜牧业的经营，人们对自然生态系统的影响和改造很原始。

两汉时期，随着大规模开发时代的到来，本区以其较优越的自然条件，成为汉武威郡武威县的垦区之一，沙窝中出土的许多汉代陶片、石磨、砖瓦等遗物以及汉代墓葬的分布可以佐证。

进入唐代，本区和石羊河下游绿洲一样，农垦活动衰退，武威县废弃不久，成为绿洲北部军事防御之地。长安元年（701 年），名将郭元振于此设置白亭守捉，天宝年间升置为军。《元和郡县图志》载："白亭军，在县北三百里马城河东岸，旧置守捉，天宝十载哥舒翰改置军，因白亭海为名也。"又曰该军"管兵一千七百人"。《新唐书·地理志》则曰，白亭军"本白亭守捉，天宝十四载为军"。《旧唐书·地理志》亦云白亭守捉"管兵千七百人"。这 1700 人的驻军是为凉州北部的防御而设，白亭守捉（军）仅是一处军事据点，其周围不可能有较大面积的农垦，就盛唐时期及其后整个下游绿洲来看，处于沙漠化发生发展的阶段。端字号—风字号沙窝无唐代以后的遗物，说明唐代后期这里已不适于农耕和人类活动，这片古绿洲的沙漠化亦在唐代后期。[①]

三、张掖"黑水国"北部

张掖"黑水国"北部，即指国道 312 线以北、以黑水国北城为中心的古绿洲，面积约 15 平方千米。早在距今约 4200 年前的马家窑文化马厂类型时期黑水国一带即有人类的活动，人们利用这里河汊交织、水环湖绕的自然条件，主

---

① 李并成：《河西走廊历史时期沙漠化研究》，北京：科学出版社，2003 年，第 256 页。

要从事原始种植业及畜牧和渔猎生产。西汉设立张掖郡，郡治觻得县城，即北城遗址。后来张掖郡移治于今张掖市城，则北城遗址废弃。此后，黑水国北部这片古绿洲逐渐沙漠化。[①]

黑水国北部地势低下，北、东两面临河，易遭水患，亦被风沙壅积，加之西汉以来的开垦，不免诱发一些地段沙漠化，这显然不利于城市的进一步发展。随着隋代大一统时期的到来，河西地区进入了一个新的发展阶段，这必然给如张掖这样的中心城市的发展提出新的要求，于是有迁城之举，张掖城遂迁至较为开阔、更有利于城邑发展的黑河东岸新址。[②]

张掖迁居新址后，黑水国北部的旧城随之废弃，其周围的田园亦弃置。风沙运行的规律表明，废弃的墙垣屋舍往往成为遮阻风沙的最好屏蔽，最易招致流沙壅塞。废弃的墙体愈高、愈多，所拦阻的沙土也就愈多，形成的沙堆就愈大、愈密。偌大的旧张掖郡城及其大批弃置的官署屋舍，成了遮挡风沙的好处所。这里地势本来就低，流沙易于停聚，经长期开垦后早已有风沙活动，因而其地逐渐成了沙漠化土地。同时，其周围一带因垦荒、筑城、建房、樵薪等因素导致沙生、旱生植被被大量破坏，这也是其沙漠化发生的原因之一。

四、金塔东沙窝南部

金塔县东沙窝北部及西部西古城周围早在汉代后期即已沙漠化，而其南部的破城、火石滩城、西三角城一带（约180平方千米，占整个东沙窝古绿洲面积的39%），则是在唐代后期发生沙漠化的。[③]

破城为双城结构，内外两重看城垣相套，具有明显的唐代城址特征，所出遗物亦多有唐代物品，而无唐代以后的东西，城址规模较大，为唐代东沙

---

① 李并成：《河西走廊历史时期沙漠化研究》，北京：科学出版社，2003年，第257页。
② 李并成：《河西走廊历史时期沙漠化研究》，北京：科学出版社，2003年，第257页。
③ 李并成：《河西走廊历史时期沙漠化研究》，北京：科学出版社，2003年，第258页。

窝的中口心城堡。该城为唐威远守捉城，如同石羊河下游的白亭守捉（后改置军）那样，亦系军防城堡，其周围一带不可能有较大面积的农田开垦，且该城唐代以后废弃。火石滩城与西三角场城亦无唐代以后的遗物，亦应废于唐代以后。

由此看来，如民勤县西沙窝，金塔县东沙窝南部古绿洲唐代以来处于农田开发衰退状态，这里未有县的建置，仅设军事据点，其沙漠化的迹象非常明显，至唐代后期或以后彻底荒废，演变为沙漠化土地。其沙漠化的原因无明确记载，应与民勤西沙窝情况类似，由于唐代前期中游绿洲酒泉一带（唐肃州共辖酒泉、禄福、玉门三县，全部集中在中游平原）的大规模开垦引灌，致使下游东沙窝古绿洲水源不足，加之绿洲边缘固沙植被的砍伐破坏，从而导致整个东沙窝古绿洲消失。[①]

五、芦草沟下游南部、东部

芦草沟下游古绿洲，唐五代时期的垦区主要分布于六工破城、沟北古城、唐阶亭驿、悬泉驿周围一带，位处古绿洲南部和东部，仅利用了原汉代垦区的一部分，其范围约190平方千米，约占整个古绿洲的53%。[②]

唐阶亭驿、悬泉驿早在吐蕃占领敦煌的贞元二年（786年）后即不见于记载，六工破城（唐五代常乐县城）亦于北宋景祐三年（1036年）归义军政权灭亡后而不为人们所闻。这些城址废弃后，整个芦草沟下游古绿洲当渐次荒弃。由此可见，唐代后期至五代宋初，为本区环境变迁的一个重要阶段。

芦草沟下游南部、东部古绿洲沙漠化的原因，与马营河、摆浪河下游古绿洲的沙化废弃类似。唐安史之乱后，本区被吐蕃占据，农田弃耕抛荒，灌溉系统惨遭破坏，风蚀加剧，流沙活动频繁，从而加剧沙漠化的发生。宋初归义军

---

① 李并成：《河西走廊历史时期沙漠化研究》，北京：科学出版社，2003年，第259页。
② 李并成：《河西走廊历史时期沙漠化研究》，北京：科学出版社，2003年，第263页。

政权垮台后，这里动乱频繁，并先后被回鹘、党项等民族占据，更促使了其沙漠化的进行。这一时期，其上源锁阳城（唐五代瓜州）及周围地区亦受到沙漠化的影响，这样不仅给下游苦水（芦草沟）绿洲带来直接风沙威胁，而且补给苦水的农田灌溉回归水大量减少，使注入苦水的流量大减，风沙物理活动更为活跃，从而导致这片古绿洲沦为荒漠。[①]

清雍正十二年（1734 年），出于军防方面的考虑，清政府又在这片古绿洲的东部修筑百齐堡城以驻军。然而由于当地生态环境早已恶化，水源匮乏，短短几年，该堡又被迫废弃。

六、古阳关绿洲

古阳关绿洲，包括古董滩、东古董滩和古董滩西小绿洲三块，总面积约 40 平方千米，撰于五代时的敦煌文书《寿昌县地境》和《沙州城土镜》，已无阳关的记载，关城早已废弃。《敦煌古迹二十咏·阳关戍》（P.3929）称其为"平沙迷旧路"的"废关"，知其确已废置，沙漠化的出现在所难免。寿昌故城及整个古阳关绿洲的彻底沙漠化应发生在宋初归义军政权灭亡之后。可见古阳关绿洲的沙漠化当始于五代，完成于宋初，经历了大约一个多世纪。

古阳关绿洲沙漠化的成因有以下几个方面：其一，政治军事方面，归义军以后，这里被回鹘、党项等民族占领，战乱频繁，在很长一段时期内，绿洲农田无人经理，任其风蚀侵凌，流沙湮埋，从而导致沙漠化的发生。其二，自然环境方面，其地环处沙海，绿洲面积甚小，生态条件极为脆弱。地表物质组成主要为河湖相沉积的疏松的粉沙、沙土，极易被吹起扬沙，并且沟蚀活跃，况且当地风力强盛，大风日数较多，弃耕农田很快会成为风沙的源地，由沟蚀带往下游沉积的大量泥沙亦不断提供流沙来源，这些泥沙复经盛行西北风的吹扬搬运，又会堆积在绿洲田园。自汉代长期开发以来，绿洲边缘植

[①] 李并成：《河西走廊历史时期沙漠化研究》，北京：科学出版社，2003 年，第 263 页。

被大量破坏，这很容易诱发周边库姆塔格沙漠等地的流沙入侵。其三，其地沙漠化的表现形态主要为新月形沙丘和沙丘链对绿洲的吞噬，流沙入侵以及就地沙源物质的吹扬壅积加剧了沙漠化进程。正是在以上因素的共同作用下，阳关绿洲终成绝唱。①

---

① 李并成:《河西走廊历史时期沙漠化研究》，北京:科学出版社，2003年，第266页。

第四节　敦煌资料中蕴含的唐代河西地区生态文化

所谓敦煌资料，包括卷帙浩繁的敦煌遗书以及莫高窟、榆林窟等洞窟中丰富多彩的壁画、塑像等。敦煌遗书，主要指 1900 年发现于敦煌莫高窟 17 号洞窟中的一批文书，土地庙亦含莫高窟北区及其他洞窟出土的文书，主要为 4—14 世纪的古写本及少许印本，总数超过 5 万件。敦煌遗书内容可分为宗教典籍和世俗典籍两大部分。世俗文献种类除了传统的经、史、子、集之外，还有大量地方文献。内容包括数学、地理、历史、政治、贸易、哲学、军事、民族、民俗、音乐、舞蹈、文学、语言、音韵、名籍、账册、函状、表启、类书、书法、医学、兽医、工艺、体育、水利、翻译、曲艺、占卜书等，广泛反映了中古社会的各个方面，是研究中古社会的重要资料。敦煌资料中不乏有关生态环境意识的丰富资料，价值极高。

一、对青山绿水、花草树木的喜爱和追求

民众对草木的喜爱在敦煌壁画当中有着非常丰富的体现。据王伯敏先生的考察，莫高窟的早、中期各类经变壁画中，几乎都配合有山水画，大约有 80 多窟重要的洞窟都属于此类情况。如中唐的第 112 窟，名为金刚经变，画作总高为 235 厘米，但上部和下部共约有 70 厘米画的都是山水景致。又如，303 窟为隋朝初期的壁画，四壁最下层，全部画的是山水，高为 30 厘米，把四壁的画连接在一起，就可以形成一幅 1340 多厘米的山水长卷。莫高窟壁画中所绘的大量的山水画，表现出敦煌人对美好自然环境的追求和渴望。王伯敏先生曾研究过莫高窟山水画中的树木品种。他认为："莫高窟壁画的树是极其丰富的。"在对 107 窟唐窟壁画的树做了大略的统计后，得出所画树的品种应该有

近百种，包括松、杉、银杏、菩提、梧桐、棕榈、竹、芭蕉等。同时，还有许多因为简化和变形叫不出名字的树种。

二、唐代有关动物保护的法令

唐时为保护动物资源，曾多次下诏。《新唐书》记载：高宗永徽二年（651年）十一月诏："禁进犬马鹰鹘"；高宗咸亨四年（673年）五月诏"禁作簺捕鱼、营圈取兽者"；玄宗开元二年（714年）四月诏"辛未，停诸陵供奉鹰犬"；玄宗开元三年（715年）正月诏"禁捕鲤鱼"；代宗大历四年（769年）十一月诏："禁畿内弋猎"；大历九年（774年）三月诏"禁畿内渔猎采捕，自正月至五月晦，永为常式"；大历十三年（778年）十月诏"禁京畿持兵器捕猎"。禁止捕猎，特别是正月至五月，这段时间正是万物繁衍、生长的关键时期，这样做既有利于保持自然生态的平衡，又能满足人类的长期需求。这些法令的颁布和执行，取得了显著成效。

三、敦煌蒙书中的生态环境教育

我国传统蒙书，从周到隋，以提供学童识字用的字书为主；隋唐以后，随着蒙学教育的发展和普及，蒙书的编纂从简单的识字教育的字书，逐渐扩张而出现了分门别类的蒙学专书，形成了包括识字教育、思想教育与知识教育等较为完整的体系。敦煌石室遗书中，保存了种类较多的蒙书材料，依据内容性质可分为识字类、知识类和德行类三种。[①] 对于敦煌遗书中训蒙文献的研究，最早始于1913年王国维为罗振玉刊布的敦煌写本《太公家教》所写的跋文《唐写本〈太公家教〉跋》，以后的学者都相继进行了诸多研究，取得了较为突出的成绩。学者们的研究不仅包括写本的介绍、文献的校勘及校注、各类写本的专题

---

① 赵海莉、李并成：《西北出土文献中的民众生态环境意识研究》，北京：科学出版社，2018年，第213页。

研究，还扩展到唐五代乃至宋代的教育方面，内容涉及学校、蒙求类教材、教育体制，我们从敦煌训蒙文献的内容入手，会发现其中有诸多关于生态环境意识的资料，这足以说明敦煌地区在童蒙教育阶段就注重培育环保意识。

（一）敦煌蒙书中的"天人合一"的生态哲学观

敦煌本《开蒙要训》共计 20 余件，是一部当时流传很广的童蒙习诵课本，内容涉及天文、地理、岁时、人体、疾病、农事等。其开卷云："乾坤覆载，日月光明，四时往来，八节相迎。春花开艳，夏叶舒荣，丛林秋落，松竹冬青。"日月运行、寒暑往来都有自身演替的规律，人们必须要顺应自然规律，适应自然，不能违背自然，这是学童们在学习时首先要明白的道理。

《新合千文皇帝感》（P.3910），以唐代流行的《皇帝感》来隐括南梁时周兴嗣所作《千字文》：

　　天地玄黄辨清浊，笼罗万载合乾坤。日月本来有盈昃，二十八宿共参辰。宇宙洪荒不可测，节气相推秋复春。四时回转如流电，燕去鸿来愁煞人。三年一闰是寻常，云腾致雨有风凉。暑往律移秋气至，寒来露结变为霜……①

天地万物各有其运行的规律，日月盈昃，寒来暑往，节气相推，是不以人的意志为转移的，只有适应自然规律，"辨清浊""合乾坤"，与自然和谐相处，才是正确的。钟铢撰《新合六字千文》（S.5961），采用了六言句式：

　　钟铢撰集千字文，唯拟教训童男……天地二仪玄黄，宇宙六合洪荒。日月满亏盈昃，阴阳辰宿列张。四时寒来暑往，五谷秋

---

① 黄永武编：《敦煌宝藏》第 131 册，台湾：新文丰出版社，1986 年，第 569 页。

收冬藏……①

与以上文书意思相同。

唐代蒙书《俗务要名林》存多件，如 S.0617、P.2609 等，分作天地部、日辰部、阴阳部、载部、地部、水部、兽部、虫部、鱼鳖部、木部、竹部、曹部、果子部、熟菜部、丈夫立身部等，选取民间日常生活中常用的重要事物名称、语汇分类编排成册，以供孩童学习之用，为他们树立一种正确思考自然生态的朴素观念。其他如《杂集时用要字》（S.0610、S.3227 等）、《杂抄》（又名《珠玉抄》《益智文》《随身宝》，存 P.2721、P.3649 等 13 件）、《辩才家教》（S.4329、P.2514），其中也不乏生态思想。如《辩才家教》载：

栽树防热，筑堤防水……四字教章第十：冬委闲牛，春耕得力。春养初苗，秋成必积。勤耕之人，必丰衣食……②

敦煌写本中属于家训类蒙书而以"家教"为名的，还有《武王家教》（S.11681、P.4724、Дx98 等）。《武王家教》共有 11 件残卷，内容系假武王与太公对话，以一问一答的方式，宣说进德的嘉言懿行。其中提到"耕种不时为一恶"③。

《孔子备问书》（P.2570、P.2581 等）也贯穿着这方面的内容。如：

何名四大？天地合为一大，水火合为二大，风雨合为三大，人佛合为四大。

---

① 黄永武编：《敦煌宝藏》第 44 册，台湾：新文丰出版社，1981 年，第 608 页。
② 黄永武编：《敦煌宝藏》第 35 册，台湾：新文丰出版社，1981 年，第 349 页。
③ 郑阿财、朱凤玉：《敦煌蒙书研究》，甘肃：甘肃教育出版社，2002 年，第 384 页。

问：四大有［几］种？答：有两种。问：何者？答：一者外四大，
二者内四大。问：何者外四大？答：地水火风，是名外四大。问：何
者［内］四大？答：骨肉坚硬以为地大，血髓津［润］是名水大，体之
温暖以为火大，出［息］入息以为风大……①

将人和自然作为一个统一和谐的整体看待，人亦属于自然的一部分，体现
了儒家哲学中人与自然统一性和一致性的宇宙观、自然观。

（二）《百行章》中体现的生态意识

《百行章》一卷并序，唐杜正伦撰，全篇计为84章，约5000字。每章约
义标题，如"孝行章第一""劝行章第八十四"，以忠孝节义统摄全书，摘引儒
家经典中的要言警句，多出自《论语》《孝经》等书；典故多源于《史记》《说
苑》等书。历代史志虽有著录，然宋代以后此书便失传，敦煌写本中存有此书
抄本14件，使我们可以一睹杜氏《百行章》的原貌，同时又可据以窥见此书在
唐五代时期风行的实况。1958年，福井康顺撰《百行章诸问题》一文探讨了此
书的章数问题，之后，林聪明《杜正伦及其〈百行章〉》、邓文宽《敦煌写本〈百
行章〉述略》②《敦煌写本〈百行章〉校释》③《跋敦煌写本〈百行章〉》④以及胡平生
《敦煌写本〈百行章〉校释补正》⑤等篇章，均先后对敦煌本《百行章》进行了整
理与研究。

1.《百行章》中的生态伦理观

自然是一切万事万物生命的总称，自然之道是生命之规律。自然创造了人

① 黄永武编：《敦煌宝藏》第122册，台湾：新文丰出版社，1985年，第158页。

② 邓文宽：《敦煌写本〈百行章〉述略》，《文物》，1984年第9期，第65—66页。

③ 邓文宽：《敦煌写本〈百行章〉校释》，《敦煌研究》，1985年第4期，第71—98页。

④《1983年全国敦煌学术讨论会文集》（文史遗书编下），甘肃：甘肃人民出版社，
1987年，第99—107页。

⑤ 胡平生：《敦煌写本〈百行章〉校释补正》，《敦煌吐鲁番文献研究论集》北京：北京
大学出版社，1990年，第279—306页。

类，人类模仿自然形态，认识自然。儒家的自然之道乃"天人合一"的和谐生态观。

在《论语》中对"天"的描述有18处之多，而孔子本人对"天"的描述有12处。① 其中我们将这12处概括如下：其一，"天"代表自然；《论语·阳货》中是说到自然界按照四季正常运行，世界上的万物都照样生长，"天"也就是自然。其二，"天"代表"天命"，也就是人类无法改变的自然规律称之为"命"；子曰："不怨天，不尤人"。也就是说不埋怨上天的规律，不抱怨他人对自己的影响，而是需要努力地学习真理，以获得生命的真谛。其三，"天"代表义理之天，也就是人之道。《论语·泰伯》中以尧为例，尧在效法着上天，他像大地一样爱民众。孔子是在赞美尧的功绩，乃人之道。尧能够效仿天道地道保证国泰民安的良好社会环境。人与人之间形成了社会之道。孔子认为的"天"可以理解为一种自然的生存状态、人类的生存方式，也就是人类社会生存与发展的"生命之道"。生，是一种大自然的最初的模样，万事万物都开始于生，生带给一切自然物力量。《百行章》中所表述的全部思想基本上都来源于儒家思想，通过儒家思想的精髓去指导解决当时唐代初期的社会问题。②

儒家"天人合一"的生态和谐思想在《百行章》中体现在如下方面：一是自然乃万物生存之本。《宽行章第廿六》记载："天宽无所不覆，地宽无所不载，一切凭之而立。化宽无所不归，（率宾大唐）海宽无所不纳……"天空广阔覆盖了人间大地，大地承载着世间万物，这种生态观自然是正确的。二是自然界和人类社会都有其规律，不可违背，"唯有持穷，不得自宽。上下无法，尊卑失礼，乱逆生焉"。

---

① 邓文宽：《敦煌写本〈百行章〉校释》，《敦煌研究》，1985年第4期，第71—98页。
② 赵海莉、李并成：《西北出土文献中的民众生态环境意识研究》，北京：科学出版社，2018年，第217页。

2.《百行章》中的对土地资源保护的意识

《勤行章第十》记载："在家勤作，修营桑梓；农业以时，勿令失度；竭情用力，以养二亲。"从字面意思看，该条是说要勤奋才能使家庭摆脱贫困，才能奉养双亲。但实际上也强调了要勤于种植、修剪，保护林木资源，要按时进行农业生产，不要浪费土地资源。《学行章第卅四》亦载："良田美业，因施力而收；苗好地不耕，终是荒芜之秽。"再好的土地，也要努力进行耕作才能有收成，有好的麦苗而不按时耕地，终究会将土地资源荒废，里面包含着爱护土地资源的含义。

3.《百行章》中对林草资源及动物资源保护的意识

《护行章第七十七》记载："山泽不可非时焚烧，树木不可非理斫伐。若非时放火，煞害苍生；伐树理乖，绝其产业。有罪即能改，人谁无过？过而不改，必斯成矣。"山林要按季节种植、养护和焚烧，树木要有规律地植入、成材和砍伐；如果不按季节规律办事，就会损害林木的生长和鸟类的繁殖，乱砍滥伐的结果是林产的绝迹。将爱惜、保护山泽树木的生态思想作为孩童今后立身处世的一个重要方面，从小就予以灌输，这是非常有远见的。[1]

---

① 赵海莉、李并成：《西北出土文献中的民众生态环境意识研究》，北京：科学出版社，2018 年，第 218 页。

第四章

明清时期河西地区生态变迁及生态文化

明清时期是河西走廊社会经济发展史上的重要阶段，是河西地区历史上第三次大规模的开发时期。这时期统治者在汉、唐经营河西的基础上，对河西进行了全方位的开发，其开发超过了以前的任何一个朝代。这一时期的开发也给河西走廊造成了沉重的生态问题：过度的开垦使森林草原植被被破坏；人口的大量增长造成了人地关系的恶化；水资源过量开发导致了水资源短缺；对绿洲边缘植物的开发利用导致了土地荒漠化加快等。环境的日益恶化，使当地人们在适应灾害环境的同时，开始思考生态的保护，在独特的时代背景下，产生了保护生态环境的生态文化。

第一节 明清时期河西地区生态环境的变迁

明清时期河西地区的开发，促进了该地区经济的发展。然而在这一过程中，由于当时特定的社会环境和不合理的耕作方式等，在具体的开发中忽视了生态效应，造成河西地区生态环境的日益恶化。如河西走廊东段的石羊河流域，明清时期由于灌溉用水增大，河流水量不断减少，有的支流甚至完全断流；因战争和大规模农垦，对森林植被造成了严重的破坏；山林资源的破坏不仅造成野生动物栖息活动地越来越小，甚至造成某些动物的灭绝；自然灾害也严重影响了经济发展。

一、明清时期河西地区的河流分布及水资源演变

明清时期，猪野泽一带再一次被大规模开发，垦殖面积较盛唐增加，人为活动对水系的影响更是空前显著。虽然此时期降水增多（特别是 17—19 世纪），但因为农田需水太多导致湖水量减少。明朝，西海仍保持一定水面。《嘉庆一统志》引明代《陕西行都司志》曰："白亭海，一名小阔端海子，五涧谷水流入此海。"五涧谷水即今石羊河，清乾隆时西海始称青土湖，这显然是因湖水水量大减、湖底黑色淤泥层大面积出露而得名。此时，西海变成了间歇性湖泊，湖中大片区域成了刍牧之所，且有屯田开辟。东海此时水面尚大。乾隆本《大清一统志》曰："今三岔河（石羊河）自镇番东北出边，又三百里潴为泽，方广数十里，俗名鱼海子。""数十里"究竟有多大？成书于乾隆辛巳年（1761年）的齐召南《水道提纲》称东海为大池，记其周长"六十余里"。这一周长落在地形图上，相当于 1295 米等高线框定的范围，其面积约 140 平方千米，较汉代又减少了 100 平方千米。降至清末，由于区内人口流亡和部分耕地抛荒及

风沙壅阻河道，失陷决堤之水往往经西河故道流入湖区，使青土湖一带水量复增，"况自西河为患以来，一经倒失，辄驱于柳林附近之青土湖，湖蓄水既多，竟成巨壑"。经李并成先生实地考察，可知青土湖自1924年以来再无洪水注入，但直到中华人民共和国成立之初仍有部分积水，1953年完全干涸。东海今亦近干涸，刘亚传等人考察时，湖面已很小，湖水矿化度高达375.6495克/升，化学类型为氯—镁—钠型，这表明该湖已进入盐湖晚期。今天古终间湖区不仅"上下天光，一碧万顷"早已成为往事，而且湖区腹地部分地段已为新月形沙丘侵入，绿洲的北部边缘已直接暴露在风沙威胁的前沿。[①]

除猪野泽外，石羊河洪积、冲积扇扇缘泉水外溢形成的泉泽和绿洲内部的牛轭湖、河道湖等，也经历了显著的历史变迁。它们随着人类活动的扩大而缩小，湖地大多被辟为农田，或因地下水位的下降而干涸。

（一）柳林湖

位处石羊河下游北部，为终间湖泊之南的滨湖草甸，有小面积沼泽性积水，因多有柽柳生长而得名。清雍正十二年（1734年），浚5渠，划地249850亩，大举开垦，变为农田。[②]

（二）熊水湖

《汉书·地理志》武威郡休屠县条："都尉治熊水障，北部都尉治休屠城。"该都尉治以"熊水"为名，显然因其近侧应有"水"。又因其记于休屠县下，知其距休屠城（今武威市城北稍偏东32千米的三岔古城）不远。休屠城西9千米有一处名叫熊爪湖的地方，这里地处石羊河支流西营河扇缘泉水出露带，泉流丰盈，积水成泊。乾隆《武威县志》记载："乱泉、徐信、温台、高姚、达子、九墩、高头等沟，俱系泉水浇灌，其源发自熊爪湖等处，计程三十余里。"1987

---

① 李并成：《河西走廊历史时期沙漠化研究》，北京：科学出版社，2003年，第194页。
② 李并成：《河西走廊历史时期沙漠化研究》，北京：科学出版社，2003年，第195页。

年10月，李并成先生考察熊水湖，湖面已干涸殆尽。[1]

（三）武始泽

《水经注》记载，猪野泽"水上承姑臧武始泽，泽水二源，东北流为一水，经姑臧县故城西，东北流，水侧有灵渊池"。王隐《晋书》曰："汉末，博士敦煌侯瑾善内学，语弟子曰，凉州城西，泉水当竭，有双阙起其上。至魏嘉平中，武威太守条茂起学舍，筑阙于此泉。太守填水，造起门楼，与学阙相望。泉源徙发，重导于斯，故有灵渊之名也。"乾隆《武威县志》记县西有海藏寺泉，即此泽。该泽故址在今武威市城西北约2千米海藏寺（始建于晋，后代补修，今仍存）南的金塔河洪积、冲积扇缘泉水出露带上，湖盆形势宛然，面积约1平方千米。20世纪70年代中期干涸。[2]

（四）文车泽

《元和郡县图志》凉州条："文车泽，在县东三十里。前秦苻坚遣将军苟苌、毛盛伐北凉，造机械冲车于此，因名。"乾隆《武威县志》称其为黑木林泉或黑木湖，"其泉水浇者，有羊春、暖泉、西十、苏邓、上四、黄果、三横、东草湖、唐家营、高沟堡等，源自黑木湖诸处发"。该湖今天又名黑马湖或哈蟆湖，位于黄羊河洪积、冲积扇缘泉水出露带上，约在20世纪70年代中期干涸。[3]

（五）六坝湖

今民勤县东坝镇南部的冰草湖、蒿子湖一带。《镇番遗事历鉴》记载，明永乐二年（1404年），"六坝湖多鱼，民人咸往捕捞"。同年秋月，"邑民姜鸿鹏等于六坝湖侧移丘耕地，共辟四百亩"。清康熙三十四年（1695年），原有耕地沙患，邑人孙克明率民众等"呈请于东边外六坝湖移丘开垦，贫民赖之"。乾隆时"文公定案"："立冬后六日子时起，至小雪日亥时止，六坝湖应分冬水十

---

① 李并成：《河西走廊历史时期沙漠化研究》，北京：科学出版社，2003年，第195页。
② 李并成：《河西走廊历史时期沙漠化研究》，北京：科学出版社，2003年，第196页。
③ 李并成：《河西走廊历史时期沙漠化研究》，北京：科学出版社，2003年，第196页。

昼夜。"乾隆《镇番县志》记载:"六坝湖,县东三十余里,今垦为田。"该湖原为石羊河下游外河之牛轭湖,明永乐以来渐被辟为农田,直到1936年仍"方围一十里",约20世纪60年代悉已开为耕地。[①]

(六)野马泉、月牙泉等

道光《镇番县志》记载:"蔡旗堡东北十里,有野马泉。西南十里,有月牙泉,又正北三里亦有月牙湖。又正南十里有圆湖。正北二里有金缸泉、大湖泉。环带保境,皆为堡民孳牧之所。"这些湖泉皆为石羊河中游的牛轭湖、河道湖,随着清代前期大规模农田开发引灌,大多退化为沼泽草甸,今为民勤县蔡旗堡镇野马泉村、董家庄村等的农田。[②]

(七)昌宁湖

为金川河下游之终闾湖,虽湖面不大,但湖滨一带"出茇茇、红柳二种,居民借以为利,又为兵民刍牧之所"。该湖"多水草、杨木,明季青把都游牧于此"。自清乾隆二十七年(1762年)起,湖滨渐被开垦,递至清末,"因永(昌)人资为渠利,湖无来源,已就干涸,居民垦荒于此"。

二、明清时期祁连山水源涵养区植被的破坏与演变

明清时期,随着河西走廊又一次大规模农业开发和人口大量增加,祁连山林草的破坏益趋加剧,入山伐木愈演愈烈。

嘉靖八年(1529年),明廷"题准甘肃等边……南北山地听其尽力开垦,永不起科"。鼓励人们向山区进发,最终严重破坏了山区的生态。祁连山区的开发过程,往往首先在半干旱浅山区垦殖,由于浅山区蒸发强烈,故干燥、缺水,遂又抛荒任其沙化,继续向高海拔的中山区开拓,由此大面积毁坏了浅山区、中山区林草资源。祁连东麓原有"黑松林山",到了清乾隆时"昔多松,今

---

① 李并成:《河西走廊历史时期沙漠化研究》,北京:科学出版社,2003年,第197页。
② 李并成:《河西走廊历史时期沙漠化研究》,北京:科学出版社,2003年,第197页。

无，田半"；嘉庆十年（1805年），祁韵士见这里"绝少草木，令人闷绝"，其破坏程度又进一筹。宣统元年（1909年）修《甘肃新通志》写道："黑松林山，（古浪）县东南三十里，上多松，今成童矣。"可知这一带的松林是在乾嘉时期由于开田而被毁坏的。黑河上游的松山（位于民乐县南部），昔日"山上山下布满松柏"，迨至清末"虽变为良田，而松山之名犹未改也"。乾隆十四年（1749年）修《武威县志》称："兹土山田赋轻，然地少获寡。"正是为了逃避赋役的繁重，耕山者日有趋者。

早在明代中期，位于祁连山脉东麓的庄浪卫（今永登县）府就发布文告，"东西山木，系一方屏蔽"，禁止奸商"擅采"，本地民众亦不得借口"炊爨、修理之需，自行砍伐，编筏窃卖"。清嘉庆初年，甘肃提督苏宁阿驻守甘州，率人入甘州南部的八宝山（祁连山支脉）考察森林状况，他认为"此乃甘民衣食之源"，为此撰写了《八宝山来脉说》《八宝山松林积雪说》和《引黑河水灌溉甘州五十二渠说》等文，以自身体验论述了八宝山森林对黑河水流量的调节作用。苏宁阿于祁连山入山要口处悬挂铁牌，禁止入山伐木，采取严厉的手段制止毁林。然而时隔不长，毁林毁草再度兴起。《张掖县志》载，嘉庆时，八宝山森林"被奸商借采铅名义，大肆砍伐"。至于曾颇有名气的焉支山，在嘉庆二十一年（1816年）所修《永昌县志》中称其"又名青松山，向多松，今樵采殆尽"。

清代因战争毁坏森林的现象亦有发生。《甘肃新通志》记载，雍正二年（1724年）五月，岳钟琪征剿祁连山东部的谢尔苏部，"纵火焚林，大破番兵"。

清末以来，祁连山林草的破坏更为剧烈。由于绿洲地区抓兵苛派，天灾人祸，被迫逃入山区的人口越来越多，毁林造田有增无减。刊于1909年的《甘肃通志稿·实业》记载："甘肃多山，山多产林。自昔省山启辟，采山耕山者人岁增多，林日减少。""火烧随着开荒，挖草皮烧灰，而引起森林、草原着火事件相当频繁，有时一连数十天不熄，连绵烧毁几千亩，甚至万亩。着火后任其发展，直到熄灭为止。"

林草资源破坏的后果,不仅使祁连山区本身生态环境恶化,更是对绿洲地区的农牧业发展构成直接威胁。山区蕴涵、调节水源的能力越来越差,地表径流趋于减少且稳定性变弱,来水易骤起骤落,使其补给地下径流的时间缩短,补给量降低,导致注入绿洲地区的总水量(含地表和地下径流)和可供重复开采(地表、地下水相互转换)的水资源同时缩减;径流的不稳定还易使其冲刷力加强,含沙量增大,山区水土流失加重,输入绿洲的疏松物资增多,又易使一些河道季节性断流,从而为风沙活动的活跃提供条件,造成绿洲景观的退化演替。河西绿洲历史时期所发生的几次沙漠化,其原因之一即在于人为破坏祁连山区林草植被。

三、明清时期河西地区的动物分布

明清时期,河西在经历了长期混乱动荡后,进入了相对稳定的时期。随着人口的大量增加,新一轮大规模的开发又渐次展开。伴随着开发力度的加大,其对自然环境的影响也愈来愈深,河西境内野生动物的数量和种类也发生了显著变化。关于这一时期河西野生动物的情况,在各地所编纂的地方史志有较为详尽的记录,如表所示:

河西各地地方志野生动物的情况

方志名称	成书年代	卷	陆生野生动物(兽类)	地域
《肃镇华夷志》	明万历四十四(1616年)	《物产》	虎、熊、豹、驴、野羊(青羊、羚羊、黄羊)、野猪、狐、狍、鹿、獐、兔、狼、野马、野牛、蛤蚧	今酒泉市全境和高台县一部分
《重修肃州新志》	清乾隆二年(1737年)	《肃州志·地理·物产》	野马、野牛、野驼、黄羊、青羊、大头羊、野猪、豪猪、刺猬、野猫、虎、熊、獐、鹿、狼、狐、猞猁、火狐、麃、兔、獭、鼠	今酒泉市全境和高台县一部分
《五凉全志》	清乾隆十四年(1749年)	《武威县志·地理·物产》	虎、豹、熊、鹿、麋、獐、麝、麂、黄羊、羱羊、青羊、哈喇不花(旱獭)、狐、狼、猬、兔、鼬鼠、硕鼠、青鼠	今武威市凉州区

方志名称	成书年代	卷	陆生野生动物（兽类）	地域
《五凉全志》	清乾隆十四年（1749年）	《镇番县志·地理·物产》	狐、狼、草猞猁狲、土豹、獾猪、青羊、黄羊、野马、兔子	今武威市民勤县
《五凉全志》	清乾隆十四年（1749年）	《永昌县志·地理·物产》	黄羊、跳羊、羱羊、青羊、牦牛、黄鼠、苦木鼠、鹿、狐、狼、石貂、土豹、獐、兔	今金昌市永昌县
《五凉全志》	清乾隆十四年（1749年）	《古浪县志·地理·物产》	典羊、他卜剌花、兔	今武威市古浪县
《甘州府志》	清乾隆四十三年（1778年）	《食货·物产》	鹿、麝、麋、獐、狼、狐、兔、土豹、野马、野骡、野牛、青羊、黄羊、羱羊、羚羊、猬、鼠、田鼠、苦木兀儿鼠、他卜剌花	今张掖市全境

此表内容，大体反映了明清时期河西陆生野生动物的种类及分布状况。对于地处西北内陆干旱、半干旱地区的河西而言，野生动物的种类还是丰富的。正如《甘州府志·艺文》所赞："其产物有青羊、獐鹿、狡兔、黄羊，含疑赤狐，反顾白狼，犛牛奔突，野马超骧。亦有名鹰迅击，鸷鸟飞扬，沙鸡振羽，野鹳跳跄，鸿雁乌鹊，属玉鸳鸯。"《新纂高台县志·物产》记载，此地"珍禽异兽，种类至繁，其奇形怪状，往往有为《芭经》所不载，《山海》所未道者"。表面看来，这一状况似与前代大体相似，但从一些具体的记述，我们仍可看出这一时期野生动物生存的变化。如《肃州新志校注》记载："虎，深山中或有之，近边无"，"野猪，猎者偶得之"，猞猁、火狐"不多得"，虎、豹、熊"间有"，"野马，产者少"，"他卜剌花，似獾，重四五斤，今俱少见"等。这说明这些动物种群数量已大大减少，活动栖息地也在不断缩小。与之相关联的，是这一时期河西频繁发生"狼灾"。"狼灾"的频繁发生，并非绝对意义上狼的种群数量增加导致，而是由于狼的食物链发生危机，其所捕食的野生动物数量减少，觅食困难，才从口外渐至走廊腹地道里村落，盗食家畜乃至袭击人。造成这种变化的原因，一方面是人们的滥猎行为持续不断，如《肃州新志校注》记载："野马，皮可为裘，金塔北山上常百十为群，不易获，猎者多为所害"，"野牛，大者重千斤，黑色。来则成群，炮击、矢射不易擒获"，"黄羊，形如獐，黑角，土黄色，性痴，见人走避，复来觇视，故猎者易得"。另一方面，大规模

的开发不断由走廊绿洲向山区纵深深入，对祁连山林草的破坏日趋加剧，大面积的山林资源毁之殆尽。[①] 野生动物栖息地越来越小，影响了动物种群的数量，甚至使某些动物的逐渐灭绝。至近代，河西野马等珍稀野生动物濒临灭绝。

四、明清时期黑河流域的自然灾害

自然灾害是环境演变的主要表现之一，黑河流域地处欧洲大陆腹地，远离海洋。南北临高山，东西为走廊，西北部紧靠巴丹吉林沙漠，易受西伯利亚冷空气侵袭，境内沙漠连绵，戈壁成滩，植被稀疏，地表裸露，降雨量少，气候干燥；气温年较差与日较差悬殊，全年最高气温在 7 月，最低在 1 月，3 月以后气温迅速上升，9 月以后气温逐渐下降，由于地理和气候关系，黑河流域是自然灾害的多发区，极易发生干旱、洪涝、冰雹、霜冻、风暴、病虫害、地震等自然灾害，地震也偶有发生。明代共计 276 年，发生灾害 40 次，平均每 6.9 年发生一次；清代共计 267 年，发生灾害 66 次，平均每 4.1 年发生一次。[②]

明代自然灾害是少发期和高发期交替进行。自明太祖洪武元年（1368 年）至明孝宗弘治七年（1494 年）的 127 年中，共发生灾害 6 次，平均每 21.2 年发生一次，明显低于明代自然灾害发生的平均频次，属于第一个灾害少发期。自明孝宗弘治八年（1495 年）至明世宗嘉靖四十四年（1565 年）的 71 年中，共发生灾害 22 次，平均每 3.2 年发生一次，属于第一个灾害高发期。明世宗嘉靖四十五年（1566 年）至明神宗万历十七年（1589 年）的 24 年中，仅有 1 次自然灾害发生，可以视为第二个灾害少发期。自明神宗万历十八年（1590 年）至明代结束（1644 年）的 44 年中，共有灾害 11 次，平均每 4 年发生一次，属于第二个灾害高发期。[③]

---

① 李并成：《河西走廊历史时期沙漠化研究》，北京：科学出版社，2003 年，第 177—182 页。

② 史志林：《历史时期黑河流域环境演变研究》，兰州大学博士论文，2014 年，第 160 页。

③ 史志林：《历史时期黑河流域环境演变研究》，兰州大学博士论文，2014 年，第 161 页。

清代自然灾害发生的总数最多，而且灾害频发的现象也越来越明显。清代前期，即自清顺治元年（1644 年）至乾隆十六年（1751 年）的 108 年中，共发生灾害 11 次，平均 9.8 年发生一次，这显然低于清代自然灾害发生的平均频次。但自乾隆十七年（1752 年）开始，基本上进入灾害高发期，尤其在光绪年间，往往每隔一两年便会发生自然灾害，而且有时多种自然灾害集中在一年爆发，如乾隆二十三年（1758 年）和乾隆四十五年（1780 年）便同时出现干旱、洪涝两种自然灾害，光绪三十年（1904 年）甚至同时出现洪涝、霜冻、风暴和地震四种自然灾害。[①] 当然，在此期间，也有相对太平的年份，如自乾隆五十一年（1786 年）至嘉庆五年（1800 年）的 15 年间、嘉庆八年（1803 年）至嘉庆二十四年（1819 年）的 17 年间、道光七年（1827 年）至道光十七年（1837 年）的 11 年间、道光十九年（1839 年）至道光二十九年（1849 年）的 11 年间，便并没有发生自然灾害。如果依照上述分析逻辑，也可以认为清代是自然灾害少发期和高发期交替进行。[②]

---

① 史志林:《历史时期黑河流域环境演变研究》，兰州大学博士学位论文，2014 年，第 162 页。

② 史志林:《历史时期黑河流域环境演变研究》，兰州大学博士学位论文，2014 年，第 162 页。

第二节 "金张掖、银武威"

——明清时期河西走廊的开发

明清时期，为河西绿洲历史上第三次大规模开发时期，开发的声势和规模远超汉唐两代。明清时期，河西地区再度大规模移民，区内人口达到了一个新高峰，导致开垦的地域向绿洲边缘较难利用的一些地段扩展。同时为了保证耕地水源的充沛，大兴水利建设。对水资源的开发和争夺，导致水利纠纷不断。

一、明清时期黑河流域和石羊河流域人口新高峰

（一）明代黑河和石羊河流域人口数量

明代有军户与民户，其中军户为主，民户依附于军户存在，根据曹树基先生的研究，明代依附于卫所的民户约占军户总数的20%—30%[1]，我们按25%计算。这里还需要计算高台千户所和镇夷千户所的军户数，因为这两个千户所洪武时期的数据缺失，若按《明史·地理志》的规定，姑且按1120人计算他们的军户人数。甘州五卫洪武时期的数据取《重刊甘镇志》的记载，14453户，30883口。肃州卫取《嘉靖陕西通志》的记载，户8762，口10830；山丹卫取《甘州府志》中的记载，户6363，口12720。[2]洪武年间黑河流域内的甘州五卫、肃州卫、山丹卫、高台千户所、镇夷千户所的军户人口数为56673口，依附于这些军户的民户按25%计算，约为14168人，整个黑河流

---

[1] 曹树基：《对明代初年田土数的新认识——兼论明初边卫所辖的民籍人口》，《历史研究》，1996年第1期，第147—160页。

[2] 史志林：《历史时期黑河流域环境演变研究》，兰州大学博士学位论文，2014年，第65页。

域内的总人口约为 70841 口。除了地方志记载的汉族人口之外，在黑河流域内还有不少少数民族人口，他们的人口数量因为历史记载语焉不详，我们无从得知具体的数据。[①]

嘉靖时期黑河的流域人口情况，我们只能依据《嘉靖陕西通志》的相关记载，尽管存在不少问题，但是它是明代唯一直接记载当时户口情况的资料。因此有必要对其进行考证研究，方荣先生在《甘肃人口史》中做了调整，[②]值得参考。将方荣先生调整后的数据进行统计分析，如表所示：

《甘肃人口史》调整后的数据[③]

卫所	原载户数	口数		户均人口	
		原载口数	调整口数	原载数	调整数
甘州五卫	15434	30883	160822	2.0	10.42
肃州卫	8762	10830	91300	1.24	10.42
山丹卫	5286	13410	55080	2.70	10.42
镇夷千户所	1236	4533	12879	3.67	10.42
高台千户所	1020	7010	7010	6.87	6.87
合计	31738	66666	327091		

依照上表的数据，嘉靖时期黑河流域的军户数为 327091 口，再按照曹树基先生的 20%—30% 的依附数为民户数，则当时的民户数约为 81772 口。军户与民户合计 408863 人。这个数字过大，汪桂生研究指出，黑河流域嘉靖年间的人口约在 105000 人左右。[④]我们认为，方荣先生的调整方法可备一说，按照《嘉靖陕西通志》所在流域内的口数进行推测，嘉靖时期黑河流域的军户总

① 史志林:《历史时期黑河流域环境演变研究》，兰州大学博士学位论文，2014 年，第 65 页。

② 方荣、张蕊兰著:《甘肃人口史》，兰州:甘肃人民出版社,2007 年，第 284—289 页。

③ 方荣、张蕊兰著:《甘肃人口史》，兰州:甘肃人民出版社，2007 年，第 286 页。

④ 汪桂生:《黑河流域历史时期垦殖绿洲的时空变化与驱动机制研究》，兰州大学博士学位论文，2014 年，第 105 页。

口数为 66666 口，依附于这些军户的民户按 25% 计算，约为 16667 人，整个流域内的总人口约为 83333 口，这个数字较洪武时期的 70841 口增长约 18%，我们认为基本可信，因而将其作为嘉靖时期黑河流域的人口数据。[①] 当然，这一时期少数民族也生活于流域内，但因文献资料的缺失，我们只能依据现有的文献资料进行推测。

相对于河西走廊的其他地区而言，石羊河流域所处的地理位置最东，降水量也较大，总体而言，明清时期石羊河流域的人口数量在河西三大流域之内算是最多的。

关于明代石羊河的人口数量，乾隆《武威县志》记载，武威县明洪武中户 5480，口 39815，嘉靖中户 1693，口 9354。武威县是凉州府的附郭县，县城既是府城，所以武威县的人口数可以看作是府城的人口数。《道光重修镇番县志》记载，镇番县明永乐中户 2413，口 6517，嘉靖中户 1871，口 3363；乾隆《古浪县志》记载，古浪县正统中户 1220，口 3036，嘉靖中户 310，口 671；盛世滋生人丁 3863，口 40436；乾隆十三年户 6393，口 65510；三者都记载了嘉靖年间的户口，我们将其统一，得知明代本区户 3874，口 13388。

永乐三年（1405 年），"鞑官"把都帖木儿等归附，其部属五千余人、驼马两万匹，安置于凉州。朱棣并"给予牛羊孳牧。今以所给牛羊之例付尔观之。自今尔处有归附者，给予如例"，可见明朝统治者对归附人口的重视，这些人口可能成为后来的当地人。[②] 关于这些人的数量，曹树基先生编著的《中国人口史》记载，洪武二十五年（1392 年）二月辛巳，凉国公蓝玉奏："凉州卫民千七百余户，附籍岁久，所种田亩宜征其赋，令输甘肃"。以每户五人计，合计人口 0.85 万[③]，比我们刚才所算嘉靖年间本区的户口数要少，当然这只是凉

① 史志林：《历史时期黑河流域环境演变研究》，兰州大学博士学位论文，2014 年，第 66 页。

② 曹树基：《中国人口史》，复旦大学出版社，2000 年，第 173 页。

③ 曹树基：《中国人口史》，复旦大学出版社，2000 年，第 173 页。

州卫的人口数，而且只是当地原住人口。这些人不断繁衍生息，加上从一些地狭人稠之地迁入了大量的人口，才达到嘉靖中期的户口数量。

（二）清代两河流域的人口

关于清代前期黑河流域的人口史料较少，我们从《嘉庆一统志》中只能找出关于康熙二十五年（1686年）的"原额人丁"资料，其中甘州府屯丁数为5850人，肃州直隶州为6908人。有学者认为可按31∶100估算清前期丁口与人口的比例，其结果比较接近实际情况。[①] 按照31∶100的比例计算，康熙年间甘州府人口约18870口，肃州直隶州约22284口，合计41154人，可见清朝初期的人口数量很少。再加上甘州和肃州境内的少数民族8840人和6495人，总人口合计56489人，还不及明代的人口数量。

雍正时期实行的"摊丁入亩"政策，大大促进了人口的增长。这为乾隆时期的人口增长奠定了政策基础，《重修肃州新志》记载，肃州"户口日繁，田畴日开辟"，但是唐景绅先生研究认为当时河西的人口70万左右。《乾隆一统志》中也零星记载了乾隆年间的人丁情况，其中甘州府的原额屯丁5850人，滋生人丁1395人，原额更名丁数337人，滋生更名丁数154人；肃州直隶州原额屯丁5891人，滋生人丁1820人。甘州、肃州两地的总丁数为15447人，再按照31∶100的丁口比例换算，黑河流域的人口约49829人。甘州、肃州的少数民族人口以康熙时期的8840人和6495人计算，合并后的人口为65164人，比康熙时期的56489人增长约15%，但此数据也少于明洪武时期的70841口和嘉靖时期的83333口。汪桂生认为乾隆时期的户口统计制度存在敷衍了事的现象，统计户口常常"岁岁滋生之数，一律雷同"，他推测当时的人口数量约在40万以上。[②]

---

① 路遇、滕泽之：《中国人口通史》（下），济南：山东人民出版社，2000年，第812页。
② 汪桂生：《黑河流域历史时期垦殖绿洲的时空变化与驱动机制研究》，兰州大学博士学位论文，2014年，第113页。

到了嘉庆时期，经历了"康乾盛世"之后，黑河流域的人口有了大幅度的增加。嘉庆《重修大清一统志》记载了嘉庆二十五年（1820年）的人口数据。其中甘州府户数79841户，813615口，户均人口10.19；肃州直隶州户数22537户，452063口，户均人口20.06，两地合计102378户，1265678口，户均人口12.36人，此数据达到历史最高值。

人口大幅度增长，生产力水平进一步提高，人类活动区域沿河流向具有广阔绿洲土地和稳定水源的上游地带转移，下游额济纳区人口仅有300余人。黑河上、中游地区农业引水量大增，使黑河下游水源大幅度减少，造成了春夏之交的水源紧张。由于泥沙填塞，黑河下游的东河河床变高，河流改道向地势较低的西河流去。东河断流导致在西夏和元代繁荣发展的居延古绿洲最终被废弃，逐渐趋向荒漠化。

清代是中国人口发展史上的重要时期，由于政治局面安定，加之清初实施"盛世滋丁，永不加赋"政策和雍正时期实施"摊丁入亩"政策，全国人口规模迅速扩大。同样，清代中前期石羊河流域的人口数量也快速增长，清代中后期本区人口减少，清代本区的人口发展波动较大。

关于清代石羊河流域的人口数量，乾隆十四年（1749年）修《武威县志·户口》称："我朝于今在城居民户一万一千六百二十七，口两万七千五百三十七。在野居民户三万八千二百三十八，口二十三万五千八百二十三。"因为城乡户口比例失调，曹树基先生分析，这一记载应当是分城、分野统计时将各自户数弄错了，总数应当是正确的。[①] 所以综合计之，全县共49865户，263350口。镇番县户口清朝"雍正前无确册可查，乾隆十三年5693户"，外加"柳林湖屯田户2498"，共8191户，较嘉靖时期增长了3倍多，若以户均5口计，则乾隆十三年（1748年）镇番县的人口数为40955人。加上前引乾隆《古浪县志》，乾隆十三年户6393，口65510，则清朝乾隆年间石羊河流域户64449，口

---

① 曹树基：《中国人口史》，上海：复旦大学出版社，2001年，第746页。

369815，分别是明代的近 17 倍和 27 倍，可见人口规模发展迅速。清代前中期区内户口的增长还远不止于此，乾隆时政府还把本区人口迁到新疆等地区。《清朝文献通考·市籴六》记载：乾隆三十六年（1771 年）十二月，凉、甘、肃三州迁往济木萨尔计 400 户。乾隆四十三年（1778 年），凉、甘、肃迁往昌吉等地 1255 户。[①] 乾隆四十三年（1778 年）十二月至乾隆四十四年（1779 年）三月，由凉州等地迁往乌鲁木齐等地计 1882 户。[②] 乾隆四十四年（1779 年）十二月，又由镇番迁往乌鲁木齐等处计 317 户。[③] 可见本区人户众多。但人口的这种快速发展的局面并没有与清朝相始终，同治年间，本区的人口数量又迅速回落。

从以上研究成果可知，清朝乾隆、嘉庆年间，河西的人口达到了一个极高值。在清代中期，甘肃已经出现人口相对过剩的问题，康熙二十四年（1685 年）到乾隆四十五年（1780 年），甘肃的耕地面积增加了 1.5 倍，但是人口增长了 4.78 倍，人均耕地由 5.1 亩减少到 2.14 亩，减少了 58%。这样就出现一个问题，由于耕地面积的增加，人们对水资源的开发和争夺加剧，水利纠纷不断。同时，人均耕地面积减少，但是灌溉所需水源却无法得到保障，水利纠纷丝毫没有减少。

二、石羊河流域的农业开发

（一）农业开发的原因

因石羊河流域军事、地理位置重要，明清时期本区成为对抗北方、西北方

---

① 转引自李并成《民勤县近 300 余年来的人口增长与沙漠化过程——人口因素在沙漠化中的作用个案考察之一》，《西北人口》，1990 年第 2 期，第 30 页。

② 转引自李并成《民勤县近 300 余年来的人口增长与沙漠化过程——人口因素在沙漠化中的作用个案考察之一》，《西北人口》，1990 年第 2 期，第 30 页。

③ 转引自李并成《民勤县近 300 余年来的人口增长与沙漠化过程——人口因素在沙漠化中的作用个案考察之一》，《西北人口》，1990 年第 2 期，第 30 页。

游牧民族的军需供给地，为了巩固其战略地位，明清政府在本区大兴屯田，对本区的经济发展产生了深远影响。

明清政府重视边防建设。《明史》记载：洪武九年（1376年）以今武威地区为中心置凉州卫；洪武二十九年（1396年）于今民勤县置临河卫，洪武三十年（1397年）改为镇番卫；正统三年（1438年）以庄浪卫地置古浪守御千户所。明制每卫5600人，每所1120人，随着戍守将士的增多，加上随军家属，本区的军需供应问题逐渐突显出来，仅依靠内地供应显然解决不了问题。明清统治者总结经验，在本区大兴屯田。朱元璋曾颁布诏令，曰："兴国之本，在于强兵足食……若兵食尽资于民，则民力重困，故令将士屯田，且耕且战"，卫所领导的屯田遂成为这一时期土地开发的主要形式。①朱元璋强调"强兵足食"，明清时期石羊河流域的屯田主要服务于这一目标，也可以说"强兵足食""以边养边"是这一时期本区农业开发的主要原因。

清初本区沿袭明代的卫所制度，继续进行屯田，后几经起伏，至雍正后期，西北战事再起，本区的屯田事业也因此再次兴盛。这一时期的屯田仍然为军事服务，以提供军需为主。清政府为了解决当地驻军的粮食供应，积极组织人力、物力对包括本区在内的整个西北地区进行农业开发。清代中期以后，随着内地人口的急剧增长，有限的耕地已经难以满足人们正常生活的需要，人地关系越来越紧张。乾隆二十四年（1759年），朝廷下旨："今户口日增，而各省田土不过如此，不能增益，正宜思所以流通，以养无籍贫民。"在这种情况下，清政府开始向西北移民，本区则是接受移民的理想场所。大量的移民涌入本区，在本区进行农业开发，加快了本区经济发展的进程。

可见，明至清代前期石羊河流域的屯田主要是为军事服务，目的在于"以边养边"，减少国家供给军需的压力，至清代中期，随着中原人口的增长，政

---

① 李并成：《石羊河下游绿洲明清时期的土地开发及其沙漠化过程》，《西北师范大学学报（自然科学版）》，1989年第4期，第12页。

府向本区大量移民,此时期的屯田主要是为了缓解中原人口压力。

（二）石羊河流域农业开发区域

屯田是明清时期本区农业开发的主要形式,历史上对石羊河流域中上游地区的开发几乎达到极限,这一时期的农业开发主要集中在下游地区。李并成先生根据明代所建屯堡的布局得知,明代本区开垦的范围仅限于明长城以内,即今民勤县南部的坝区绿洲范围之内,清代坝区绿洲的开垦范围已突破明长城一线,南部、北部分别向东、向北拓进。[①]同时,清代本区人口的繁盛,为了解决粮食问题,石羊河下游终端湖的南部湖滨地区——柳林湖,也被开发,雍正十二年(1734年)正式批准其开垦:"画地2498顷50亩,以千字文编号……共编号133,每号20户或10余户,每户地一顷,官给车、牛、宅舍银二十两,限五年节次扣还。未至五年,奉旨豁免其半,每户给京石籽种麦六石。"如此优惠的政策吸引了很多人来此屯垦。关于柳林湖屯垦的具体情况,乾隆《重修肃州新志》中有比较详细的记载:

> 柳林湖屯田地在凉州府镇番县东一百六十里,东边墙门外一百三十五里即古之休屠泽,汉置休屠县……地亩俱在渠身左右,编列字号,每号约以千亩为率……屯户五百二十三名……西渠之尾复有潘家湖四千六百亩,屯户三十二名半。计开地约十二万亩,此雍正十二年春种之略也。嗣后扩克复招新户一千三十一户,更有加增不在此数。

从上文可以看出,雍正十二年(1734年),围绕着柳林湖的东、中、西三渠的渠身左右共开地约12万亩,规模已经较大。另外,中上游的武威县和古

---

① 李并成:《民勤县近300余年来的人口增长与沙漠化过程——人口因素在沙漠化中的作用个案考察之一》,《西北人口》,1990年2期,第30页。

浪县在这一时期也有零星垦荒的记载，如乾隆六年（1741年）武威县上报新垦荒地460亩；道光二年（1822年）古浪县上报新垦荒地549亩。这应当主要是农民自主垦荒，所以规模不是太大。

（三）石羊河流域土地垦殖成效及演变

明至清前期为了巩固边防，朝廷在石羊河流域大兴屯垦，清中期以后，为解决中原人地矛盾、缓解人口压力，本区屯垦兴盛。无论是卫所领导的屯田，还是农民的自行开垦，明清两代在本区的屯田规模是很大的，可以说把本区的土地垦殖事业推向了顶峰。经过这一时期的土地垦殖，本区的耕地数量大增，清代的屯田数量较明代有所增加，下表可说明：

明清时期的屯田数量

地点	明朝屯田数	清朝屯田数
武威县（明称凉州卫）	2652顷	10343顷96亩
镇番县（明称镇番卫）	2223顷46亩	3266顷4亩
古浪县（明称古浪守御千户所）	622顷29亩	3018顷10亩
合计	5497顷75亩	16628顷10亩

从上表可见，明清时期本区的土地开垦规模很大，这对本区的经济发展产生了深远影响。首先，粮食产量增加，这在明初已有体现，洪武二十五年（1392年），凉国公蓝玉奏"凉州卫民千七百户，附籍岁久，所种田亩宜征其赋，令输甘肃"。粮食外输，可见粮食尚有剩余，这得益于本区大规模的屯田。其次是经济迅速发展，到乾隆时，下游的镇番县"今大半开垦，居民稠密，不减内地。延东而下，移丘换段，迤逦直达柳林湖，耕凿率以为常"，可见本区已不再是人烟稀少之地，因为只有经济发展才会出现这种局面。

明清两代把石羊河流域的屯田事业推向顶峰，这一时期的屯田经历了发展—鼎盛—衰落—再发展—鼎盛—衰落的过程。明朝初期，为在本区大兴屯垦，明廷颁布了许多惠民措施，同时制定了严格的条例，为这一时期本区的屯田步入正轨打下了基础。但是从嘉靖时期开始，本区的屯田制度遭受破坏。

《正统实录》记载："甘肃、凉州等处总兵镇守官占种屯田地，侵占水利，不纳税粮。"再如，英宗正统三年（1438年），柴车在甘肃稽核屯田，豪占者悉清出之，得田六百余顷。这些都严重破坏了屯田制度，打击了屯田兵民的积极性。明末清初，由于战争的破坏，本区的屯田再次衰落，不少已熟田地也被抛为荒田。清初统治者为了建设边防、巩固统治，再一次在石羊河流域掀起了屯垦的浪潮，如前所述，中间几经反复，到雍正后期，由于西北战事再起，清代本区的屯田才真正兴盛起来，一直到清末，左宗棠等人仍在此进行屯田。这些对开垦本区闲田，缓解内地军需供给压力，以及巩固边防、促进本区经济发展都有积极作用。清末，随着本区人口的饱和，土地承载的压力越来越大，加上本区本身的自然环境脆弱和清末战争的破坏，本区的已耕之地再次抛荒，许多田地为沙漠所取代，本区的屯田事业再一次衰落。

三、水利开发及水案频发

（一）水利开发第三次高峰期

河西地区自汉唐以来就是国家农牧业发展及军事战略重地，水利事业自西汉开始有大规模的建设和发展，明清时期是甘肃水利事业继两汉、隋唐发展高峰后的第三次高峰期，疏浚旧渠、兴建新渠、构建渠坝系统等各方面均得到大力发展。

明代"河西事体重且大者，莫过于屯田一事"。大规模屯田，需要建设系统完善且管理有效的配套水利设施。明朝初期，政府极其重视全国农田水利灌溉，据文献记载，洪武年间，明政府分派朝廷官员及水利建设专家到全国各地，与当地官吏配合召集工匠在农闲时节修建和疏浚水利工程，至洪武二十八年（1395年），全国新修、疏浚水利设施高速增长，并向系统化发展。明宣宗宣德六年（1431年）十二月，明政府派遣御史巡视河西地区的屯田水利："遣御史巡视宁夏、甘州屯田水利。"除巡视外，明政府还设置相应的行政官员来治理和预防水利灌溉过程中的违规现象，明宪宗成化十二年（1476年），巡按御史许进言，"河西十五卫，东起庄浪，西抵肃州，绵亘几二千里。所资水利多夺于势家，宜设官专理。诏屯田佥事兼之。"有了国家的重视和政策的保障，农田水利事业得以更好地发展。

清代河西水利在明代发展成果的基础之上进一步发展。雍正二年（1724年），清政府裁卫撤所，在河西地区置甘州府、凉州府、肃州直隶州、安西直隶州，具备了明时期所没有的完整行政区划的有利条件。据史料统计，当时仅甘州五卫、山丹卫和高台守御千户所几处的干渠大坝就有116条（处），灌田18964.66顷。[①]灌溉面积约合63000公顷，相当于现在甘州区总面积的七分之一。

甘州府农田灌溉用水分为河水、泉水及山谷水，均源于祁连山雪山融水及降水，农田的肥沃与贫瘠，很大程度上取决于能否得到有效灌溉。清前中期，《甘州府志》统计，乾隆时期张掖共有47道水渠，且分布在甘州府城东、南、西、北、东南、东北、西南、西北各个方位，水渠几乎遍布甘州府全境，灌溉耕地约4420顷（一顷100亩）。方志记载当时甘州府户口：15237户，口70199，人均可灌溉农田6.3亩。

清代甘州府张掖县的水利灌溉系统由两部分组成，一为渠道，如干渠称为"渠"，支渠称为"号"或"旗"；二为闸坝系统，如方志记载："大满新渠，城南分八闸，灌田一百二十一顷一十亩有奇。"

肃州地处河西走廊的最西端，相较甘州府气候更为干燥、农业发展对水利灌溉的依赖性更为强烈，农业灌溉主要依赖疏勒河水系。酒泉、玉门、敦煌、安西、高台、毛目等地的水利设施在明末清初因自然及社会等因素荒废已久，土地抛荒严重，到康雍时期，政府的移民和屯田政策需要水利工程的保障，党河流域的水利工程修建及开发利用达到了前所未有的水平。根据《甘肃通志·水利》中直隶肃州水利文献资料统计，清代直隶肃州有水渠19道，其中有16道水渠以水坝命名，如丰乐川坝、观音山坝等，虽名为坝，实则是渠

---

① 潘春辉：《西北水利史研究：开发与环境》，兰州：甘肃文化出版社，2015年，第14页。

坝系统。

凉州的农田灌溉受制于天梯山的积雪融水。《武威县志》载："其冬月多雪，则雪积而水源裕，春日多晴，则冻解而水流行，夏秋多雨，则雪消而水势长；倘雨泽愆期，其渠顿涸。"凉州水利之最当属镇番，其西北临巴丹吉林沙漠、东南缘腾格里沙漠，在这样恶劣的自然环境条件下发展农业，水利至关重要。《镇番县志》描述了水利之于民勤的重要性："地介沙漠，全资水利，播种之多寡恒视灌溉之广狭以为衡，而灌溉之广狭必按粮数之轻重以分水，此吾邑所以论水不论地也。"通过乾隆十四年（1749年）和道光五年（1825年）《镇番县志》水利文献记载的数据对比发现，镇番县水利事业在清代得到了充分的发展，不但新修水渠，且扩大了单渠属沟的规模。

（二）水案

明清本区水土利用方面矛盾的加剧，还表现在争抢灌溉水源的矛盾斗争愈演愈烈。河西许多清代县志中特设《水案》章，连篇累牍专述县域间、上下游间争水的纠纷。乾隆《镇番县志》曰："河西讼案之大者，莫过于水利一起，争讼连年不解，或截坝填河，或聚众毒打。"争水时甚至伤人性命，即使官府严判也无法遏止争水之乱。尤其是"水势微弱之年，不是你抢，便是我夺，大家都在摩拳擦掌，针锋相对。一旦有事即揭竿而起，真有'虽千万人吾往矣'之势。一闹之下，轻者锅破碗响，重者头破血流"。以此演变成了一种长期的、与日俱增的社会矛盾。[1]

河西绿洲的水案尤以石羊河中下游最为频繁，这表明其地水土资源利用的矛盾也最为激烈。根据相关史料，明清时期河西地区的主要水案罗列如下：

1.北沙河案

北沙河系石羊河流域之泉水河，源于东大河、西营河洪积冲积扇缘的武威市洪祥乡陈春堡西北，东流25千米许，在四坝乡三岔梢地汇入石羊河。河

---

① 李并成：《河西走廊历史时期沙漠化研究》，北京：科学出版社，2003年，第231页。

南地属武威，河北分属永昌、民勤。历史上，武威、永昌、民勤三县在河槽内节节堵坝，分别由两岸开沟引水灌田。由于用水关系复杂，故矛盾也较多，其中以该河中沟坝、高头坝和乌牛坝三处矛盾最突出。如《民勤县历史水利资料汇编》载："水利之所在，人人有必争之心……当五月用水之时，故意与之相打，故意与之告状……卷案如山，既详见确，无容再议……占水之家，加以徙配之罪，庶示杜争端耳。"① 由此可见其纠纷的激烈程度，官府不得不用严加整治。

2. 校尉渠案

道光《镇番县志》《镇番遗事历鉴》雍正三年（1725 年）条载，武威县校尉沟民人筑木堤数丈，壅塞本应流灌镇番的清水河尾泉沟，镇番民聚至数千人赶赴凉州府告状。蒙批："拆毁木堤，严饬霸党，照旧顺流镇番，令校尉沟无得拦阻。"②

3. 羊下坝案

道光《镇番县志》《镇番遗事历鉴》载，雍正五年（1727 年）武威县金羊下坝民人谋于石羊河东岸筑坝开渠，讨照加垦，具呈道、府二宪。蒙批："石羊河既系镇番水利，何金羊下坝民人谋欲侵夺？又滋事端，本应惩究，故念意虽萌而事未举，暂为宽宥。仰武威县严加禁止，速销前案。"③

4. 洪水河案

道光《镇番县志》记载："康熙六十一年，武威县属之高沟寨民人，于附边督宪湖内讨给执照开垦……镇民申诉，凉、庄二分府亲诣河岸清查，显系镇番命脉，高沟堡民人毋得壅阻……查得高沟寨原有田地，被风沙壅压，是以屯民有开垦之请。殊不知镇番一卫，全赖洪水河浇灌，此湖一开，拥据上

---

① 李并成：《河西走廊历史时期沙漠化研究》，北京：科学出版社，2003 年，第 231 页。
② 李并成：《河西走廊历史时期沙漠化研究》，北京：科学出版社，2003 年，第 231 页。
③ 李并成：《河西走廊历史时期沙漠化研究》，北京：科学出版社，2003 年，第 232 页。

流，无怪镇民有断绝咽喉之控。开垦永行禁止……乾隆八年，高沟寨兵民私行开垦，争霸河水，互控镇道府各宪。蒙府宪批：武威县查审关移本县，并移营讯，严禁高沟兵民开垦，不得任其强筑堤坝，窃截水利，随取兵丁等永不堵浇甘结。"[1]

5.南沙河案

南沙河亦为源于东大河、西营河洪积冲积扇缘的泉水河，向东流注石羊河。据汇编资料表明，现存的民勤县蔡旗堡镇蔡旗村的清光绪九年（1883年）九月十四日凉州府正堂颁发的执照云，蔡旗堡民吕成德等，呈控镇番四坝农民抢夺水利。"上年四月，偶因天旱，适蔡旗堡人吕成德等赴河放水，被四坝民人白丰道等瞥见，虑及已业受旱，约同乡众，将其沟口堵塞。经吕成德等控府，提案讯悉前情，当将白丰道分别杖责……为此照仰蔡旗堡农民等遵照，嗣后该民等仍遵旧章，引用南沙水灌溉田苗。倘镇邑四坝民人等再有堵塞该堡沟口情事，许该民等来辕禀控，以凭拿案纠办，决不宽贷。"[2]

6.沙河闭塞洞口案

1942年刊《创修临泽县志·水利考》载，乾隆四十二年（1777年），张掖县江淮渠民王进贵等，沙河接济渠民王希贤等，为抢夺水源，闭塞洞口，酿成聚讼。经甘州府正堂亲往勘验、审理，方告平息。[3]

7.山丹河东、西泉水案

1923年刊《东乐县志》记载，乾隆四十二年（1777年），山丹上坝武生王瑞槐等，希图多浇山丹河东、西泉水，上控县衙，"牵捏混告，屡次滋讼"。结果，"将王瑞槐等转发甘州府照拟发落，并令遵照旧规分给执照，明白勒石，永杜讼端。"[4]

① 李并成：《河西走廊历史时期沙漠化研究》，北京：科学出版社，2003年，第233页。
② 李并成：《河西走廊历史时期沙漠化研究》，北京：科学出版社，2003年，第233页。
③ 李并成：《河西走廊历史时期沙漠化研究》，北京：科学出版社，2003年，第234页。
④ 李并成：《河西走廊历史时期沙漠化研究》，北京：科学出版社，2003年，第234页。

8.洪水河上游耕种番地妨碍水源案

洪水河上游一带的天然草原林区，是开垦图利还是养护水源？清代中后期以来一直是纷争的焦点。1923年刊《东乐县志》载，同治元年（1862年）所立碑文曰，早在道光十四年（1834年）就有生员韩景泰等，控洪水番目铁令多尔吉争抢水源。咸丰十一年（1861年）洪水番目庆木厥多布旦等，却将下横路以南游牧之地，以至于中横路，租与张应时任意开挖耕种，王执中等查知有伤水源，致起争端。[①]

9.昌马河靖逆、柳沟民户争水案

昌马河为疏勒河的上游河段。刘子亚先生藏清宣统元年（1909年）《安西采访底本·水利》记载："康熙五十八年，靖逆户民于昌马河口建坝，尽逼河水从东南行，不由故道，以致柳沟户民播种无资，屡塑（诉）于官。雍正七年肃州道齐公亲临相度，昌马河水复委属吏勘分，照靖逆、柳沟户口多寡之数，断五分之一归柳沟民灌溉。"[②]

以上所述主要是明清以来河西发生的水案，至民国时期，此类案件有增无减。

水土利用方面的矛盾加剧，导致绿洲及其下游地区开发减缓，农田灌溉及林、牧用水得不到保障，直接加剧了这些地区的沙漠化。

四、畜牧业从萧条转向繁盛

安史之乱后，河西长期被游牧民族所控制。畜牧业作为游牧民族的经济基础，也随之获得发展。元朝设太仆寺专掌马政，《元史》记载："其牧地，东越耽罗，北逾火里秃麻，西至甘肃，南暨云南等地。"元仁宗延祐七年（1320年），曾征调甘肃等地官牧羊、马、牛、驼给朔方民户，足见河西畜牧业之盛。

---

① 李并成：《河西走廊历史时期沙漠化研究》，北京：科学出版社，2003年，第235页。
② 李并成：《河西走廊历史时期沙漠化研究》，北京：科学出版社，2003年，第235页。

河西地区畜牧业的鼎盛局面，并未延续太久。明初，由于元明战争的巨大破坏以及明朝在河西地区统治区域的缩小，河西地区的畜牧业出现了大幅度的衰退。建文四年（1402 年），河西、宁夏一带"边警不时，而堪战之马少，无以应猝，远命河南都司于属卫选千五百匹给之"。以"凉州畜牧甲天下"而闻名全国的河西地区，由于缺少战马，竟然需要从遥远的河南调拨，可见明初河西地区畜牧业的萧条。为保障北方边境驻军的军马供应，明朝在河西地区大力发展畜牧业，经过数十年的发展，河西地区的畜牧业逐步焕发生机。官办监苑系统作为河西地区畜牧业的主导，规模较大。据《明史》载："上苑牧马万匹，中苑七千匹，下苑四千匹。"虽然河西监苑系统养马业的规模远未达到预期，但以中苑计算，永乐年间官办监苑系统极盛时，甘肃苑马寺的六监二十四苑也可牧马 16 万余匹。如果再算上隶属陕西苑马寺的六监二十四苑，明朝西北地区官办牧马机构所饲养的马匹可超过 30 万匹。这样的规模，虽然与唐代贞观、麟德时期"马蕃息及七十万匹"无法相提并论。但考虑到明朝在西北地区的统治面积远远小于唐朝的事实，能保持这样的饲养规模实属不易。明中后期，明朝的官办畜牧业弊端日滋，其景况大不如前。明代杨一清在《为修举马政事》中记载，弘治年间，其牧马草场更是从明初的一十三万三千七百七十七顷六十亩，缩水至六万六千八百八十八顷八十亩。但经杨一清等官员的整肃，官办畜牧业仍然保持着一定的规模。除官办畜牧业外，卫所军民经营畜牧业的情况也很普遍，正所谓"中产之家颇畜孳牧"。除马匹外，牛、羊、骡都是常见的饲养牲畜。在官、私等多种形式畜牧业的共同促进下，河西地区畜牧业的发展取得了相当不错的成绩。在明代中后期，蒙古军队在河西地区屡次获得数万马骡牛羊，这从侧面反映了河西地区畜牧业的规模。

明代河西地区北部的镇番卫（今民勤县）还有着一定规模的养驼业。镇番卫地处荒漠半荒漠地区，分布着广袤的戈壁草潼，生长着大量的骆驼刺等骆驼喜食的牧草，特别利于骆驼的生殖与繁衍。[①]同时，鉴于骆驼在荒漠地区交通运输业、农业中的重要作用，明朝对养驼业的发展也格外重视。《镇番遗事历鉴》记载：永乐十一年（1413 年），镇番卫制定《养驼例》，规定："每五丁养一驼，三年增倍。凡五丁养二驼者，免应差，地亩征粮一半；五丁养五驼者，征粮皆免；一丁超养一驼者，按例奖赏。"在养驼例的指导和鼓励下，镇番卫的养驼业迅速发展，"镇邑橐驼日有增加，不几年，其数至于十万计"。永乐十四年（1416 年），镇番"春大寒，民家养驼，皆清瘤见骨，卫署据情申报，谋减定例，凉府依律驳回。逮五月，日有死亡，不一月，共死驼一千四百余峰"。可见镇番卫养驼业的规模之大。永乐十九年（1421 年），为减轻军民负担，镇番卫"奉饬废养驼例，准百姓亦农亦牧，择其宜事者而事之"。虽然不再强制民户养驼，但限于镇番的自然条件，养驼仍然是当地军民维持生计的选择。

清代官牧业规模虽比不上明代，但是在清初，政府曾在甘州等地设置荣马司和监牧地。甘、凉、肃三州及西宁各饲马场，分五郡，郡储牝马二百匹。牧马四十匹。后来河西牧马监撤消，官牧益形衰落。这一时期，畜牧业的发展不仅满足了官方战备马匹的需要，而且为河西的土地开发和农业经济的发展做出了重要贡献，在河西经济的发展中发挥了重要作用。

---

① 吴疆：《民勤历史上的赛驼习俗》，《体育文史》，1990 年第 5 期，第 70 页。

第三节　清末河西走廊荒漠化加剧

明代中后期至清末，河西地区在气候上处于湿润期，绿洲来水较多，然而伴随着大规模土地开发，绿洲人口和耕地面积大量增加，滥垦、滥伐、滥牧、滥用水资源等状况有增无减，绿洲水土资源利用方面的矛盾日趋尖锐，土地沙漠化接踵而来，并呈日益加剧之趋势。

河西地区明清时期的沙漠化主要发生在石羊河下游及石羊河中游高沟堡等地，黑河下游、张掖黑水国南部、疏勒河洪积冲积扇西缘西部等处，沙漠化总面积约1160平方千米。①

一、石羊河下游绿洲沙漠化过程

石羊河流域是明清时期河西地区开发强度最大、人口密度最高、经济发展最迅速的地区，同时也是沙漠化过程最突出、危害最严重的区域之一。明清两代，其地形成的沙漠化土地约130平方千米。

（一）明清时期石羊河下游绿洲开发

明代，石羊河流域又有较大规模的屯田兵民移徙之举，不仅中游武威一带大兴垦殖，而且重新向下游绿洲进军。根据明代下游绿洲镇番卫（今民勤县）所建屯堡的布局可知，其开垦范围限于明长城以内，即农田集中在镇番卫南部的坝区绿洲范围内，而长城以北的广大地域尚未得到垦辟。至万历年间，武威、镇番两地的耕地面积已达120余万亩，每亩产量为75千克；总产量洪武、

---

① 李并成：《河西走廊历史时期沙漠化研究》，北京：科学出版社，2003年，第266页。

永乐时期为 4.95 万吨，明代后期为 8.68 万吨。[①]

清代进行了更大规模的水利建设，较明代开垦范围更大，下游坝区绿洲的开垦范围已突破明长城一线。乾隆《镇番县志·地理志》载："红崖堡东边外，如乱沙窝、苦豆墩，昔属域外，今大半开垦。居民稠密，不减内地。"坝区北部朝北拓展，如"六坝湖，县东北三十余里，今垦为田"。这是今东坝镇冰草湖村一带，原系长城外的沼泽滩地。而在坝区绿洲内部，反映耕地面积扩展和土地开发强度加大的村落数量的增加为数可观。据方志记载，除明代所设堡寨外，清代新增的村社即达 30 所，并且这些村社仅属于较大的居民点，而在绿洲内部尚有更多较小一级的聚落。[②]道光《镇番县志·户口》载，蔡旗堡周围就有上莽台、焦家湾、李家地湾、蔡家庄、李家荒地湾等村落，计地方圆约 2 千米，村民们掘泉取水溉田。村落密度的增加反映了绿洲土地利用程度的提高。

除坝区绿洲新增耕地外，清代又向镇番县境北部的柳林湖区进军，新辟耕地近 25 万亩。乾隆《镇番县志》载，雍正十二年（1734 年）批准柳林湖开垦，画地 2498 顷 50 亩，以《千字文》编号，共编 133 号。"每户地一顷，官给牛、车、宅舍银二十两，限五年节次扣还。未至五年，奉旨豁免其半。每户给京石子种麦六石。"[③]柳林湖为石羊河下游终闾湖南部的滩地草甸，因地下水位较高，柽柳遍布得名。清代本区的土地开发已北推至此。由于绿洲灌溉水源所限，柳林湖区和其他一些新开之地每年只能浇灌河水 1 次（坝区绿洲每年可灌 4 次），并且浇水时间被限定在小雪次日至来年清明，即只能浇灌石羊河上、中游地区和坝区绿洲冬春农闲时的余水，称之为"安种水"，实行的是一种冬春大定额饱灌安种水结合洗盐、作物生长期基本不灌溉的半旱农耕制。这是在总水量有限的情况下，当地人民为充分利用水源扩大耕作面积所创造的灌溉、

① 李并成：《河西走廊历史时期沙漠化研究》，北京：科学出版社，2003 年，第 267 页。
② 李并成：《河西走廊历史时期沙漠化研究》，北京：科学出版社，2003 年，第 267 页。
③ 民勤县地方志办公室，中共民勤县委党史资料征集办公室编：《民勤县志 历代方志集成》，兰州：甘肃文化出版社，2016 年，第 13 页。

耕作方式（这种方式的采用也因柳林湖区本身地下水位较高，土壤较潮，在只灌安种水的情况下尚有一定收成），反映了这一时期本区水土资源利用程度的提高和开发规模的扩大。

柳林湖北部已干涸的青土湖（原为石羊河终闾湖的一部分）亦有辟为农田的。乾隆《镇番县志》记载："青土湖，县东北二百里……涝则水，草茂盛，屯户籍以刍牧，间有垦作屯田处。"这里的一些地段可以凭借较高的地下水位进行粗放的旱作农耕，当地称之为"种撞田"。

清代中叶，武威、镇番二县粮食产量增加较快。李并成先生考证，其田产量合今亩今量达 78.1 千克 / 市亩，总产量达 10.98 万吨，人口的增加更迅速。绿洲生态系统的环境容量是有一定限度的，耕地和人口的大规模增加，过度开垦，过度樵柴，使本区水土资源利用方面的矛盾日趋尖锐。尽管当时人们对水资源的利用率已有较大程度提高（如利用冬春农闲水开发柳林湖区），绿洲的水利管理制度也颇为严格，然而有限的水资源难以满足需要，绿洲生态环境不堪重负，沙漠化的发生也就在所难免。[1]

（二）镇番城的沙患

明清时期石羊河下游绿洲沙漠化的状况，我们可以查阅镇番卫设置以来遭受沙患的记载。镇番卫"明洪武时，因元季小河滩空城修葺为卫址，周围三里五分。成化元年……展筑西北二面三里余……后飞沙拥城。嘉靖二十五年……筑西关以堵飞沙"。可见明代下游绿洲重新开垦不久，就已被风沙侵袭，就连地处坝区绿洲中部的镇番卫城也深受其危害，嘉靖时为堵飞沙还不得不专门增筑西关，足见沙害之烈。都御史杨博《奏请添筑西关疏》曰："乃今风沙壅积，几与城埒。万一猾虏突至，因沙乘城，岂惟凉、永坐撤藩篱，实甘肃全镇安危所系……今右参政张玺，欲于镇番添筑关厢，一则消除沙患，一则增置重险。"及至万历四年（1576 年），又将卫城全部用砖包砌，并"建城楼三、角楼

---

① 李并成:《河西走廊历史时期沙漠化研究》，北京:科学出版社，2003 年，第 269 页。

四、逻铺十九、月城三，池深一丈五尺、阔三丈，门俱有桥"。使卫城得以进一步加修增固。然而好景不长，仅隔两年，即万历六年（1578年），宁夏人杨恩任镇番参将。资料记载："下车伊始，即瞻顾城垣，巡查防御。是时北垣沙碛拥积，几与城埒，公深以设防不济慨叹之。不数日即率民兵清除淤沙，补葺城垣，劳作不息，食饮不遑。"天启七年（1627年），又见"飞沙拥城，参将相希尹躬率军夫，多方堵御，城保"。

清朝，沙患愈烈。康熙元年（1662年），因飞沙壅塞，又"重修西门楼"。然而这种加筑只能奏效于一时，不能防患于长久，飞沙的吹扬并未因此而停息。康熙五年（1666年），"风沙之沿堞而下者，若水之流，环庙而立者，若水之潴"。康熙三十年（1691年），"风沙拥城，高于雉堞，危以垛墙，参将杨钧率军民五百人搬沙，以柴草插风墙一百二十丈"。乾隆十四年（1749年），镇番卫城已是"各楼皆圮，池平桥坏，砌砖剥落，存者十仅二三，女墙歆缺，水洞亦淤"。尤其是地当盛行风向前冲的卫城西北部"则风拥黄沙，高于雉堞……惟逻铺粗有形迹耳"。道光年间，"楼倾砖落，沙漠孤城，一任风雨飘摇，星霜剥蚀"。咸丰二年（1852年），环顾周围。西北则飞沙壅堞，东南则腐土委尘，残垣断堡，径窦豁开。宣统年间，"沙患尤为可虑，迩来东西北三面壅塞之势过于曩昔，且高于城堞，不啻恒河之数，行者便登若大路。然将徙城以避沙，则处处飞来，迁地弗良。将刷沙以完城，则大工大役费无所出"。可见自明成化以来，石羊河下游绿洲开垦不久，沙患即接踵而至。清代以后，随着更大规模开发的进行，沙患愈演愈烈，以至于为护守城池不得不投入众多的人力、物力搬运积沙，甚至经年累月，移沙不止。然而流沙的壅塞旋清旋生，屡有所聚，成了当政者尤感焦虑的问题。镇番城的沙患从侧面反映了整个下游绿洲沙漠化过程强烈进行的实况，而这一过程正是伴随着土地开发规模的不断扩大而日趋加剧的。[①]

---

① 李并成：《河西走廊历史时期沙漠化研究》，北京：科学出版社，2003年，第271页。

（三）边墙、渠道、农田的沙害

明清以来，石羊河下游长城沿线、引灌渠道、农田遭受沙害的记载亦屡见不鲜。康熙二十三年（1693年），甘肃总督佛保查勘邑边上《筹边疏略》，曰："镇番沙碛卤湿，沿边墙垣，随筑随倾，难以修葺。今西北边墙半属沙淤，不能恃为险阻，惟有瞭望兵丁而已。红崖堡一带，康熙三十六年拨兵筑垒，颇似长城之制。至于东南边墙，沙淤渺无形迹，其旧址犹存者，止土脊耳。"一些昔日恃为险阻的军事隘口，如阿拉古山口、抹山口等亦不免沙害，"今则流沙淤压，随处皆成通衢矣"。

道光《镇番县志》引《旧水利图说》曰，镇邑行水的畅塞因"沟坝有无沙患不一，无沙沟道水可捷行，不失时刻。被沙沟渠中，多淤塞，遇风旋挑旋覆，水到亦细，故不能照牌得水之地所在多有"。沙淤较严重的渠道有四坝之末、头坝渠等。《镇番遗事历鉴》云："镇地河渠，无不为沙砾所拥，植之以被，则沙可以固，水可以流。反则裸陈原湿，一经冬春风扬沙积，平衍旷荡，直如岖堆无圻。"1915年镇番县长袁翼《创修西河记》曰："奈河多淤沙，且狭而浅，遇风则平，水涨则溢，急急焉。欲疏河道，高堤防，谋水利以维垦务，无逾于此。"

沙害严重影响了农业发展。《镇番遗事历鉴》载，明代弘治九年（1496年）冬，"飓风时起，边外人民多受其害。青松堡西南田地，埋压二十余顷，庄宅一百一十二间。灾民无家可归，漂泊野外，饥饿亦复寒冷，殊为可怜"。万历十二年（1584年）四月，"飓风狂虐，延十数日不息，边外居民房屋被摧者十之二三。田地埋压，一片萧条。饿殍载道，凄切哀怨之声，不绝于耳"。入清以来，风害愈烈，每每因沙压农田，不得不豁免应征粮草，有关记载从顺治年间直到清末不绝于册。如乾隆三年（1738年），镇番县即奉文停征、豁除水冲沙压地粮1090余石、大草9670余束，两项开除粮1124.7石、大草9942.9束。而这仅是起科纳粮的册籍上奏请豁免之数，不上册籍的大量民间相地自行开垦而荒芜的地亩尚不在数。不仅下游绿洲如此，中游武威平原因沙压水冲而要求豁免赋粮的耕地亦有不少。如乾隆《武威县志》云，奉文缓征水冲沙压等地计约 7.4 万亩。不合理的土地开发活动造成的沙患，给绿洲人民带来无穷的灾难，而这一祸患又形成土地开发的逆过程，使绿洲可利用的土地资源丧失。乾隆《镇番县志·地理志》曰："今飞沙流走，沃壤忽成丘墟，未经淤压者，遮蔽耕之，陆续现地者，节次耕之。一经沙过，土脉生冷，培粪数年方熟。"可见风沙不仅吞噬绿洲，而且还使其掩埋过的耕地性质变劣。时至清末，镇番县竟因此到了"五谷枯槁，岁不丰登"的地步。[①]

（四）释"移丘"

明清时期，石羊河下游出现了"移丘"地的垦辟，沙漠化发生的主要地段亦在所谓"移丘换段"之地。何谓"移丘"？当地方志中有所解释。乾隆《镇番县志》曰，本邑"西北多流沙，东南多卤湿，俯念民瘼者，听民相地移丘"。1919 年《镇番县志》亦曰："镇邑自风沙患起，上流壅塞，移丘开荒，逐水而居者所在皆是。"即由于原耕作地段生态环境恶化（主要是风沙之患）而被迫弃耕，不得不逐水相地另择他处移垦，名为"移丘"。因此种情况比较普遍，因而"移丘地"，或曰"移丘案"作为一种专门术语于志书中每每出现。这一环境后果的发生突出反映了石羊河下游绿洲脆弱的生态条件与这一时期人类的剧烈开发活动之间的尖锐矛盾。

移丘之举早在明代后期即见于史。如《镇番遗事历鉴》记，明嘉靖三十九年（1560 年），头坝民人二百余众，因原有耕地沙漠化，遂寻找他地"移丘拓田，共辟新地十五顷，卫定三年免征税粮"。移出的主要区段为受沙漠化影响最强烈的下游绿洲西北部、东北部及西南隅，即红沙堡沙窝、红崖山附近的黑山堡红崖堡以至野猪湾堡一带、青松堡南乐堡沙山堡一带、高家沙窝—湖马沙窝等地。其沙漠化土地总面积约 100 平方千米。

移丘移入之地主要在本区南部坝区绿洲上游河段一带，这里"近水楼台"，

---

① 李并成：《河西走廊历史时期沙漠化研究》，北京：科学出版社，2003 年，第 273 页。

人们纷纷前来垦辟。如因"头坝渠多沙患"，人们遂移至上游的红崖堡东边外，如乱沙窝、苦豆墩等"昔属域外"的地方，"今大半开垦，居民稠密，不减内地"。移入此地后好景并不长，由于水源的不足（移丘地每年仅配给一次水）和沙漠化的继续，除少部分地区（大坝口南部的大、小新沟一带）今天仍然耕种外，其余大部分地段在清末至民初均沙化荒弃。今天所见这里的弃耕地上已为密集的柽柳灌丛沙堆占据。此外，坝区绿洲和柳林湖之间的内河、外河两岸亦有不少民户移入。①

由上可见，移丘实为人们的不得已之举。它虽然可以解一时之难，但终非长远之计。我们看到的是，移丘所带来的后果特别严重，每次移垦不仅要被迫放弃原有的耕地，而且还要大量破坏新移入地段的原有旱生植被和地表结皮，以从事垦辟。旱生植被较为稀疏，地表结皮较薄且脆（此种结皮系多年的自然固结作用形成），但亦可有效地抵挡相当程度的风沙吹蚀，它们的破坏无疑加剧了风沙肆虐。并且移丘旋移旋弃，不断造成新的地表裸露，导致沙患不断蔓延。

由于石羊河下游绿洲沙漠化加剧，风沙之患愈演愈烈，雍正十二年（1734年），镇番人卢生华特撰《祭风表》一文，以祈求上苍的护佑。表曰：

> 迩来狂飚肆虐，阴霾为灾，黑雾滔天，刮尽田间籽粒；黄沙卷地，飞来塞外丘山；鬻女卖儿，半是被灾之辈；离家荡产，尽为沙压之民。此田之播种无资，将来贡赋安出？此诚上帝之痛念，而下民之哀诉者也……征之风必扬沙，乃知箕离于月，拔苗逐种，怨气与风气交加；呼天吁地，号声共沙声并烈。侵伤于斯为甚，饥馑因而荐臻，未有如今日者也。

《镇番县志》载："伏愿圣慈，默佑帝泽，洪福施延于无量无边，亿万年常

_____

① 李并成：《河西走廊历史时期沙漠化研究》，北京：科学出版社，2003年，第274页。

馨沙漠；恩惠及于有生有相千百世，永镇金汤矣。某等无任瞻天仰圣激切屏营之至，谨奉表称奏以闻。"这正是明清以来本区沙漠化发展的情形以及带给人们的深重灾难的真实写照，沙漠化的严重程度已经发展到危及人们生产和生活的地步。显然，靠祈祷是解决不了问题的。

二、石羊河中游绿洲沙漠化过程

明清以来，石羊河中游绿洲形成的沙漠化土地，主要出现在高沟堡与古城梁—乱墩子滩两处。

（一）高沟堡沙漠化过程

高沟堡位于今二十里大沙南部。二十里大沙地处石羊河中游绿洲东面的洪水河与白塔河之间。对这一地区沙漠的起因，李吉均指出，因石羊河干流多为东北偏北流向，与盛行西北风斜交，风沙南侵偏东而过，再加上地面湿润，植被较好，故风沙活动不强。而只有白塔河与洪水河之间的河间地与风向平行，故风沙袭人。其主要形态为新月形沙丘与沙丘链，高一般2—3米，另外常见一些小型盾状沙丘，从草沙堆则未见。沙丘在该地区覆盖面积小于丘间地面积，地面风蚀现象也弱，可见起沙是不久以前的事。[①]李吉均先生的论断是正确的，问题是为什么在漫长的地质历史时期这里不起沙，为什么起沙发生在不久前？这个"不久前"确切是在什么时候？除地理位置外，这一带发生沙漠化的主要诱发因素又是什么呢？

查阅资料，二十里大沙北部早在汉魏时期就已经是沙漠景观了。《水经注》记载，长泉水"出姑臧东揖次县，西北历黄沙阜，而东北流注马城河"。李并成先生考证，姑臧（今武威市）揖次县即今古浪县土门镇西约3千米的王家小庄"老城墙"之地，长泉水即今洪水河，马城河即石羊河干流。长泉水西北流程中所历的黄沙阜即指其东侧的今腾格里沙漠和其西侧的今二十里大沙北部一

---

① 李吉均：《祁连山东段和武威盆地的地貌及该地区农业地区区划》，油印本。

带。至于二十里大沙南部地区（东西宽 6 千米许，南北长约 15 千米，面积约 90 平方千米），即高沟堡周围一带的沙漠化发生时期较晚。[①]

由高沟堡及其周围弃耕地上散落的遗物（红陶片、汉魏灰陶片、西夏元白瓷片、明代青瓷片等）可知，早在西汉时期这里已是汉长城之内的军屯区了，其后一直有人活动，并未见沙漠化迹象。这里除其东部有洪水河可引灌外，其南部源于黑马湖（唐文车泽）的泉水亦可流灌于此，水量丰盈。明代又于汉代故城基础上设置高沟堡，将这一带仍作为长城之内的官兵屯戍之地。清初，高沟堡不仅为武威县的主要村镇聚落之一，而且是防守洪水河沿岸一线长城官兵的驻地。乾隆《武威县志·地理志》载："自是而北，外连沙漠，内无险阻，一线长城，半借洪河，环绕内外，似宜多置营堡。乃自高字一墩，至岔字八墩，一百一十五里，止设高沟一堡者，何也？盖堡外新旧墩……凉州之兵民安堵无恐，已百年矣。"其中"外连沙漠，内无险阻"明确指出了沙漠是在长城之外。乾隆四十六年（1781 年）纂《甘肃通志·关梁》记："高沟堡，在县东五十里，东至边墙五里，城周二百四十丈。"

文献记载，高沟堡地区沙漠化是自清代初期开始的。如前所述，汉魏时的长泉水于盛唐时已改称洪源谷，到了清初又改为洪水河，或名为沙水。《古今图书集成·职方典》记载："沙水，在卫东北五十里，其源出自洪水泉，至三岔水合二为一，流入镇边卫界。"这一名称的变化正反映了清代前期风沙活动剧烈、河水含沙量大增的事实。乾隆《镇番县志·水案》列有洪水河一案，康熙六十一年（1722 年），武威县属之高沟堡民人，要求于洪水河上源沟脑讨照开垦，其原因是高沟堡"原有田地被风沙拥压，是以屯民有开垦之请，殊不知镇番一卫全赖洪水河浇灌，此湖一开，拥据上流，无怪镇民有断绝咽喉之控"。结果经官府勘定，断为高沟堡民"无复射影网利为无厌之求，开垦永行禁止"。可见康熙末年高沟堡一带的土地沙漠化已十分明显。高沟堡民众的请求虽未获

---

① 李并成：《河西走廊历史时期沙漠化研究》，北京：科学出版社，2003 年，第 281 页。

准，但迫于生计又不得不于乾隆二年（1737 年）再次"在道宪告讨开垦，本县知县张能第阅志详审寝止"，乾隆八年（1743 年），"高沟堡兵民私行开垦，争霸河水"，复经官府查审，而又"严禁高沟堡兵民开垦，不得任其强筑堤坝，窃截水利，随取兵丁永不堵浇甘结"。[①]

　　这一水案闹了 20 余年，纠纷不休。高沟堡民众之所以向上源地区"屡谋侵夺"，正由于该堡周围原有的土地这一时期已遭受风沙侵袭，因而不得不向上游垦辟，以致官府的严判也无法遏止。由此可见，二十里大沙南部高沟堡地区沙漠化的发生即在清代康乾年间。这一时期正是本区农业开发规模最大、人口负载最重的时期。高沟堡的沙漠化无疑与当时整个流域内无计划地过耕过牧、对于绿洲边缘固沙植被大规模破坏、黑马湖注入高沟堡地区的水源萎缩、本区水资源条件改变等因素密切相关。正是人类不合理的土地开发活动，激发了其潜在沙漠化因素的活化，因而在二十里大沙南部出现沙漠化过程。

　　还需要看到，高沟堡一带的沙漠化景观及其发生的形式和原因与石羊河下游地区汉唐古绿洲的沙漠化有所不同，前者弃耕地上以流动性的新月形沙丘和沙丘链为主，植被覆盖度不足 10%，丘间地较为开阔，地面少受风蚀，并且新月形沙丘和沙丘链迎风坡朝向西北，恰与本区盛行风向一致，从而说明这一带的沙丘主要是由绿洲边缘的沙漠中吹来的，流沙入侵严重，沙漠化发生的原因应为绿洲边缘沙生、旱生植被的大量破坏，以及黑马湖等灌溉水源的萎缩。后者的弃耕地上主要呈现为半固定、固定的白刺或柽柳灌丛沙堆，间有新月形沙丘或沙丘链，地面风蚀显著，沙丘堆积密集，沙漠化作用的途径以裸露的弃耕农田和干河床受风力吹蚀，就地起沙为主，沙漠化的主要诱发原因系水土资源过度利用，下游地区不能保证灌溉而被迫废弃。两者在上述方面的差异使其在治理措施上亦有所区别。[②]

---

① 李并成：《河西走廊历史时期沙漠化研究》，北京：科学出版社，2003 年，第 282 页。
② 李并成：《河西走廊历史时期沙漠化研究》，北京：科学出版社，2003 年，第 283 页。

（二）古城梁—乱墩子滩一带沙漠化过程

古城梁—乱墩子滩位于永昌县水源乡古城村，沙漠化面积约 25 平方千米，明长城从其北部约 10 千米处通过，长城内侧显然不是沙漠的所在，今天在这一带弃耕地上仍可捡到不少明代青瓷片等物，说明明代这里仍为垦区。在其北部 5 千米处，明代还建有永宁堡（今永昌县水源乡驻地），并设守备，专管这一带屯垦戍卫。《读史方舆纪要》载："永宁保，亦在卫西南，万历中设守备驻于此。"而今天在这里看到的景观则为连片的风蚀弃耕地，其上大都平铺着一薄层洪积砾石层，这与石羊河流域其他地区看到的沙漠化情形不同，说明这一带沙漠化作用的方式有异，沙漠化发展的程度较弱，废弃的时间也不长。[①]

这一地区位处石羊河中游绿洲西北边缘，又为西营河、东大河河水所及的末端，究其废弃的原因，除和强烈的风沙作用和上游垦区扩大，其地灌溉水源不及有关外，另一重要原因在于西营河和东大河洪水对其强烈的冲刷以及所携大量洪积物对其耕地的掩埋。西营、东大两河为石羊河流域径流量最大、含沙量最大的河流，两河所携推移物质在整个流域中居首位，因而其洪水对于农田的冲刷和所携洪积物对其下游地区田亩的壅塞掩埋比较剧烈。此种情形即使在今天亦有发生。两河的洪水今天仍常常冲决渠道，其泥沙每每掩埋农田。为解决此患，20 世纪 80 年代，甘肃省拨付专款在这里建造拦洪大坝。两河下游主沟今已刷宽 2.5 千米，并有多条宽 0.5—1 千米的支沟切入乱墩子滩，沟间距仅1.5 千米。根据弃耕地上散落的遗物和当地群众的陈述，可以推知耕地废弃和沙漠化的发生是在明代后期至清代前期。荒弃沙化的原因显然与这一时期大规模破坏山区植被，致使祁连山涵养、调蓄水源的能力大减，河流含沙量增大，水情趋于不稳定等因素直接相关。绿洲农田被洪积物掩埋后，经风吹蚀，细粒物质被蚀走，只剩下较大的砾石残留地面，遂形成今天这样的荒漠化景观。[②]

---

① 李并成:《河西走廊历史时期沙漠化研究》，北京:科学出版社，2003 年，第 283 页。
② 李并成:《河西走廊历史时期沙漠化研究》，北京:科学出版社，2003 年，第 284 页。

三、黑河下游古居延绿洲中上部沙漠化过程

黑河下游古居延绿洲三角洲的下部，即五塔以北约 600 平方千米的地域，早在汉代后期即发生沙漠化而废弃。至于这块古绿洲三角洲中上部约 600 平方千米，则是到了明代初期才废弃沙漠化的。

北魏时期，置于古绿洲中上部的西海郡及居延县（今绿城遗址）废弃，但这仅是行政建制的废置，中上部绿洲并未废弃，这里成了柔然的射猎之所，并且其军事地位仍很重要。《魏书》记载，时凉州刺史袁翻上表："西海郡本属凉州，今在酒泉直北、张掖西北千二百里，去高车所住金山一千余里，正是北虏往来之冲要，汉家行军之旧道。土地沃衍，大宜耕殖。"时至北周，居延绿洲仍是当地沟通漠北的交通大道。《周书》记载："突厥木汗可汗假道凉州袭吐谷浑。周太祖令宁率骑随之。吐浑已觉，奔于南山。木汗将分兵追之，宁说其取树敦、贺真二城，木汗从之。"

唐代，古居延绿洲及其沿黑河一线，仍是防御突厥、回鹘等民族南下的通道。《旧唐书·公孙武达传》载："突厥数千骑、辎重万余，入侵肃州，欲南入吐谷浑。武达领二千人与其精锐相遇，力战，虏稍却，急攻之，遂大溃，挤之于张掖河……斩溺略尽。"可见黑河一线仍为南北必经的军事要道。王北辰考证，从宁寇军（今马圈古城）向北千余里，有路通往回鹘衙帐，特别是在安史之乱以后河西走廊被吐蕃乘虚占领后，切断了西域与长安间的联系，居延道路就成了避开河西吐蕃势力、代替走廊故道、联系西域与长安的捷径。严耕望考证，唐代通回纥三条道路中，沿黑河、居延海北出花门山堡（在居延海北 300 里）道为其要道之一。[①]

唐代，偌大的古居延绿洲上仅设同城守捉（天宝二年升为宁寇军）一处军事据点，管兵 1700 人，马 500 余匹，其主要职责在于防备漠北草原等部族的袭扰。除此之外，其他居民点并无遗址留存。由此可知，古绿洲上唐代垦区较

---

① 李并成:《河西走廊历史时期沙漠化研究》，北京:科学出版社，2003 年，第 285 页。

汉代垦区小得多,仅限于宁寇军周围的小片军屯区域。当武后垂拱元年(685年)安北都护府南移同城后,遂有大批降户归来,古绿洲中上部的广大原野成了他们的好牧场。时人陈子昂《上西蕃边州安危事》云:

> 今年五月敕,以同城权置安北府。此地逼碛南口,是制匈奴要冲,国家守边,实得上策。臣在府日,窃见碛北归降突厥,已有五千余帐,后之来者,道路相望……碛北丧乱,先被饥荒,涂炭之余,无所依仰。国家开安北府招纳归降,诚是圣恩洪流,覆育戎狄。

陈子昂另一篇《为乔补阙论突厥表》亦曰:

> 臣比在同城,接居延海,西逼近河南口,其碛北突厥来者……首尾相仍,携幼扶老,已有数万……今者同罗、仆骨都督,早已伏诛……敕令同城权置安北都护府,以招纳亡叛……臣比在同城,周观其地利,又博问谙知山川者,莫不悉备。其地东西及北皆是大碛,碛并石卤,水草不生。突厥尝所大入,道莫过同城。今居延海泽接张掖河,中间堪营田处数百千顷,水草畜牧,供百万人。又甘州诸屯,犬牙相接,见所聚粟麦,积数十万。田因水利,种无不收。运到同城,甚省功费。又居延河海多有鱼盐,此所谓强兵用武之国也。

因知当时居延绿洲归降的人达数万人,这与汉代居延绿洲的人口数相当,其地虽有可垦农田数百千顷(应主要分布在居延三角洲中上部,其下部汉代垦区已沙漠化),但突厥民户仍以畜牧业为主,这里的粮食需从甘州运送供给。畜牧业遂成为唐代古居延绿洲中上部土地利用的主要方式。王维于开元二十五年(737年)以监察御史身份赴河西,在居延一带作诗《出塞》:"居延城外猎天骄,白草连天野火烧。暮云空碛时驱马,秋日平原好射雕。"这也说明当时这里主要为牧场和猎场。[①]

由此可见，唐代居延绿洲虽垦区骤缩，但并不能据此认为绿洲缩小，当时这一带并未见明显的沙漠化迹象，三角洲中上部仍为水草丰美的牧场，居延海仍有较大面积，并可获其鱼盐之利。

宋景祐三年（1036 年），西夏控制整个河西走廊。西夏除在其境内设置州、县外，又将其军队分左右两厢布局，设 12 监军司，委付豪右分统其众。由《宋史·夏国传》《西夏书事》等史料知，河西属其右厢，置有甘肃甘州（驻甘州）、瓜州西平（驻瓜州），以及黑水镇燕和黑山威福 4 个监军司，"以备西蕃、回纥"，保障后方的安定。有人认为黑山威福军司即置于居延绿洲，然而《西夏纪事本末》所附《西夏地形图》则在居延地区标注"黑水镇燕军司"，汤开建、陈炳应亦认为黑水镇燕军司置于居延黑水城（即黑城遗址）。驻防军队的戍卫屯垦，遂成为这一时期居延绿洲开发的主要方式。[②]

1226 年，成吉思汗攻取居延及整个河西地区。元世祖至元二十三年（1286年）在居延设亦集乃路总管府，为其在甘肃行省所置的 7 路之一。《元史·地理志》："亦集乃路，下。在甘州北一千五百里，城东北有大泽，西北俱接沙碛，乃汉之西海郡居延故城……元太祖二十一年内附，至元二十三年立总管府。"元代遂利用这里丰沛的水资源等条件，进行了大规模的农牧业开发，修筑了规模宏大的总管府城——黑城。依据地面遗迹分布和黑城文书等有关记载，西夏和元代的垦区已偏处居延古绿洲的中上部。[③]

《元史·地理志》云亦集乃路城（黑城）西北俱接沙碛，《马可·波罗行记》亦云："离此亦集乃城后，北行即入沙漠。"黑城北行即进入古居延绿洲的汉代垦区，可见元时这里已成沙漠，而黑城一带尚未沙漠化。

① 李并成：《河西走廊历史时期沙漠化研究》，北京：科学出版社，2003 年，第 286 页。
② 李并成：《河西走廊历史时期沙漠化研究》，北京：科学出版社，2003 年，第 286 页。
③ 李并成：《河西走廊历史时期沙漠化研究》，北京：科学出版社，2003 年，第 286 页。

偌大的黑城及其周围绿洲是何时废弃的？何以发生沙漠化的？朱震达、刘恕、高前兆等学者认为，黑城出土遗物和有关文字记载的最晚年限为元顺帝至正十九年（1359年），其废弃和元末明初的战争破坏水利建设、断绝灌溉水源有关。明代又大量开发长城以南、嘉峪关以内的河西走廊地区，移民屯田，中游地区的大量用水也影响下游的灌溉水源，因之居延黑城垦区废弃后一直未得到恢复。[①]

俄国人科兹洛夫1908年3月来黑城时，与当地人进行深入交流。传说黑城最后一位统治者黑将军，想跟中原皇帝争夺皇位，因而引发激战，皇家军队将黑城团团围住，但又久攻不下，便采取了堵绝额济纳河水源的办法，最终攻破城池，使城池遭到严重破坏而废弃。民国十七年（1928年），黄文弼先生在额济纳实地考察时亦听闻相似的民间传说：老人传说，此河（指额济纳河）初时水极大，居民亦众，故在此建城，为一蒙古王子所居，称西王。后有南方蛮子带兵自民地来，攻城不下，乃在距城南六十里巴得格博伦处，堵塞河之上游，水遂涸。

由此可知，黑城及其周围绿洲的废弃似确系断绝水源之故。景爱即持此观点："在战争中断绝敌人的水源，在历史上是常有的事情。因此驻防的军队一般都是选择有水源的地方扎营安寨。冯胜为了攻取防守严密的亦集乃路城，在弱水河道上采取筑沙坝、断水源的措施，不失为攻城之良策。一旦断绝了水源，守城的敌人便会不战自降。河道上的沙坝筑成以后，弱水无法进入原先的河道，必然要改变流向折向西北方……弱水下游的改道对居延地区的生态环境产生了极其巨大的影响。其一是弱水下游的改道导致弱水冲积扇上河道网的消失和冲积扇上垦区的荒废，从而加剧了土地沙漠化的过程，使这里由绿洲变成沙漠，成为无人居住的不毛之地。"[②]

居延古绿洲中上部荒废地区的沙漠化确系河道堵塞吗？检之史料，未能

① 李并成：《河西走廊历史时期沙漠化研究》，北京：科学出版社，2003年，第286页。
② 李并成：《河西走廊历史时期沙漠化研究》，北京：科学出版社，2003年，第288页。

查到有关记载。《明史·冯胜传》载，洪武五年（1372年），"扩廓在和林，数扰边。帝患之，大发兵三道出塞。命胜为征西将军，帅副将军陈德、傅友德等出西道，取甘肃。至兰州，友德以骁骑前驱，再败元兵，胜复败之扫林山。至甘肃，元将上都驴迎降。至亦集乃路，守将卜颜帖木儿亦降。"这里明言甘肃行省（治所甘州）为迎降（主动投降），亦集乃路亦降，上都驴、卜颜帖木儿等慑于明军的强大攻势自知大势已去，不战而降。我们并没有看到冯胜因攻城不下而堵塞黑河河道的记载，亦未见毁坏水利设施的有关文字，因而尚难证明黑城及其周围一带垦区是因堵塞弱水河道而荒弃的。将偌大一片绿洲及其众多城址、遗址的废弃归结为某次偶发事件，这种可能性难以令人信服（除非遭遇小行星的撞击）。试想，或有堵塞弱水河道之举，则黑城被攻取后会很快、很容易地恢复河道原貌（须知弱水不是黄河，其下游水量远非黄河可比，加之平原广袤，故河道恢复并无困难），绿洲亦会很快地恢复，何至于彻底荒弃！①

黑城出土文书文物的下限并非至正十九年（1359年），所出文书中年号最晚者为北元宣光元年（1371年，即洪武四年），更晚的出土物是一方天元元年（1379年，即洪武十二年）铸造的铜印，说明至少在1379年以前居延绿洲并未废弃，仍有人居住及其生产活动。然而在此之后，史籍中就很少见到有关居延古绿洲的记载了，或许已废弃沙漠化。朱震达等先生所论明代大量开发长城以南、嘉峪关以内的河西地区，中游大量引灌，影响下游黑城地区水源，任其荒废的看法则是有道理的。明代不比汉唐盛世，对于边塞地区往往采取较消极保守的策略。明长城的修筑较汉长城大为退缩，在黑河流域，明长城穿过山丹、张掖、临泽、高台、酒泉北部，而西至于嘉峪关，黑河中游北部的鼎新—金塔绿洲和下游的居延绿洲完全被弃置于长城之外，长时期以来无人经理，任凭风蚀沙压。一如唐代后期的马营河和摆浪河下游绿洲、芦草沟下游绿洲、阳关绿洲等，大面积农田弃耕抛荒后，风沙活动迅速加剧，裸露的地表频繁遭受风

---

① 李并成：《河西走廊历史时期沙漠化研究》，北京：科学出版社，2003年，第288页。

蚀，很快流沙壅起，加以周边沙漠入侵，绿洲遂向荒漠演替。同时，明代黑河流域的开发重点是中游腹心一带，明代所置河西12卫中仅围绕甘州一地就集中了前、后、左、右、中5卫和山丹卫，共6卫，这里为屯防的重心，兵员云集，人口众多，大兴屯垦，大规模开渠引灌，生产发展很快，然而这势必影响输入下游黑城地区的水量，加剧古居延绿洲的沙漠化进程。斯坦因认为："黑城之放弃是由于灌溉困难的说头，有许多证据可以相信……在现在仅仅夏季短短的几个月可以达到三角洲上的水源，对于以前的垦地实在不足以供给适当的灌溉。"这一推断亦有道理。可见人为因素是居延古绿洲沙漠化的主要原因，其沙漠化发生的时代即在明代前期。[①]

朱震达等先生还论道，从黑城邻近地区房屋建筑木材碳14年代大部分在9—14世纪而无14世纪后期以后的资料可以说明，弱水下游三角洲中上段的沙漠化大致发生在黑城放弃以后。另一方面从柽柳灌丛沙堆剖面沉积形态的资料分析亦可说明此点。[②]

纵观整个居延古绿洲的沙漠化过程，主要发生在汉代以后和明代前期两个阶段，汉代以后的沙漠化造成三角洲的下部荒弃，而明代前期的沙漠化又使得三角洲的中上部荒废。从整个古绿洲遗址遗物分布的区域差异上看，有着由北而南的特点，从时代上看有着由老到新的变化特点，这从一方面反映了土地开发的历史过程，从另一方面也反映了土地沙漠化的进程，即土地沙漠化先从三角洲下部开始，然后推进至三角洲的中上部。朱震达等先生观察，反映在沙漠化土地景观的变化上，也呈现出三角洲下部至中上部依次出现带状差异的特色：密集的新月形沙丘链——滨湖；新月形沙丘与沙丘链——三角洲下部；风蚀地貌与新月形沙丘——三角洲中下部；柽柳灌丛沙堆与风蚀地貌和新月形沙丘并存——三角洲中部；沙砾戈壁与灌丛沙堆——三角洲上部。

---

① 李并成：《河西走廊历史时期沙漠化研究》，北京：科学出版社，2003年，第288页。
② 李并成：《河西走廊历史时期沙漠化研究》，北京：科学出版社，2003年，第289页。

四、张掖黑水国南部的沙漠化

张掖黑水国北部古绿洲，是随着张掖郡城的移治，于隋末至唐代废弃的。而黑水国古绿洲南部（312 国道以南，约 15 平方千米）的沙漠化过程则出现在清代初期。[①]

《新唐书·地理志》甘州张掖郡条："西有巩笔驿。"《旧唐书·王君㚟传》云，开元十五年（727 年），君㚟任河西节度使，"会吐蕃使间道往突厥，君㚟率精骑往肃州掩之。还至甘州南巩笔驿，护输伏兵突起……遂杀君㚟"。《资治通鉴》卷 213 开元十五年（727 年）九月闰月条亦记其事，胡三省注："甘州张掖县西南有巩笔驿。"王北辰考得，驿名应为巩笔驿，"笔"即粮囤之意，巩笔即粮囤巩固，或固若粮囤的意思，"笔""笔"为传刻之讹，是不可信的。该驿位置一说在张掖西，一说在张掖南，胡三省则折中，记在张掖西南。依王君㚟进军方向，此驿应在甘州通往肃州的路上，即应在张掖城西北。乾隆四十四年（1779 年）《甘州府志·地理·古迹》载："今黑水西岸有古驿址，俗曰西城驿者，或云即巩笔驿，或云元西城驿，或云明小沙河驿。"王北辰认为这一古驿址即黑水国南古城，城内的坊巷遗迹乃是元明时期的建筑残迹。[②]

可见，以南古城为中心的黑水国南部，并未因其北部荒弃而废置，这里自唐至明一直有驿站之设，许多驿户、站户居住在黑水国南部，其周围一带的绿洲未见沙漠化迹象。《元史·英宗纪》载，至治二年（1322 年）三月，"遣御史录囚置甘州八剌哈孙驿"。吴正科认为此驿即西城驿。清顺治十四年（1657 年）修《甘镇志·建置志·驿传》记："小沙河驿，隶中卫，城西三十里。甲军五十一名，马、骡、驴四十七匹、头。"张掖城西 30 里，正是今黑水国南古城之所在。此书资料截至明末，因知直到明末这里仍未废弃。乾隆四十四年（1779 年）刊《甘州府志·营建·驿塘》中，则未载小沙河驿之名，所记由甘州

---

① 李并成：《河西走廊历史时期沙漠化研究》，北京：科学出版社，2003 年，第 290 页。
② 李并成：《河西走廊历史时期沙漠化研究》，北京：科学出版社，2003 年，第 291 页。

城内的甘泉驿向西一站 50 里即抵沙井驿（今张掖市沙井乡），中间无须停经原小沙河驿，驿路从黑水国南古城以北绕过，说明小沙河驿此时已经废弃，其地已经出现沙漠化迹象。①

明代黑水国南部还设过常乐堡，亦在清初荒废。《甘镇志·兵防志·堡寨》记载："常乐堡，城西三十里。"甘州城西 30 里处应在今黑水国区域内。然而在《甘州府志·村堡》中，该堡之名却消失得无踪无影，显然该堡已沙化废弃。吴正科写道："通过详细调查发现，凡黑水国沙丘之下，多为古代耕地，田埂宛然，其间散布着大量的宋元明各代瓷片，说明这里大片土地在明代仍然被开垦耕种。"②

黑水国古绿洲南部原为黑河西岸的一处牛轭湖，地表沉积了厚层的沙质、粉砂质物质，在长期开垦、植被破坏后易被风蚀，吹扬起沙，故该地逐渐荒弃，形成沙漠化。且这一带古冢较多，封土堆拦截流沙，便于沙丘堆积。明代后期至清代前期，黑河中游绿洲土地被大规模开垦，荒漠植被被大量采伐，风沙之患遂不断加剧。《甘州府志·世纪》记载，正德十六年（1521 年）十二月辛卯，"甘州行都司狂风，坏官民庐舍、树木无算"。嘉靖二十六年（1547 年）七月乙丑，"甘州五卫风霾昼晦，色赤复黄"。顺治九年（1652 年），"诏免故绝抛荒并淹沙压地亩赋额"。有关记载不胜枚举。《创修临泽县志·舆地志·山川》引清人王学潜《弱水流沙辨》云："今甘州之东之西之南之北，沙阜崇隆，因风转徙，侵没田园，湮压庐舍。"正是在此种情况下，易于风蚀起沙的黑水国南部遂逐渐被流动沙丘吞噬，演变成今天这种景观。③

---

① 李并成：《河西走廊历史时期沙漠化研究》，北京：科学出版社，2003 年，第 291 页。
② 李并成：《河西走廊历史时期沙漠化研究》，北京：科学出版社，2003 年，第 291 页。
③ 李并成：《河西走廊历史时期沙漠化研究》，北京：科学出版社，2003 年，第 292 页。

五、临泽板桥、平川一带的沙害

临泽县板桥、平川一带，位处黑河东岸、北岸，绿洲呈宽仅 1—2 千米的窄条沿河延伸，绿洲以外即为巴丹吉林沙漠南缘的茫茫戈壁、流沙地带，且其地北部为龙首、合黎两山之间宽约 50 多千米的敞口，便于风沙南侵。这一带虽无同居延、黑水国古绿洲那样集中连片的废弃农田和沙漠化土地，然而明清以来风沙的侵袭亦十分严重，不绝史载。

《甘镇志·兵防志》引明巡抚都御史石茂华《议九坝五坝添设防守官军疏》云："边墙内外荒田，任各堡官军尽力耕种，永不起科。"明长城内外的荒地大多因水源等条件较差，不宜垦种，但在此政策的推行下纷纷开垦荒田，由此引发强烈的风沙活动。明巡抚都御史戴才《条陈边务以裨安攘疏》曰："又据暂代平川守备吴鸾呈称：以北边墙一道……外口沙淤，与墙平漫，不堪阻遏。应于里面改筑边墙一道，阻遏贼冲。"旧墙则专门用于遮蔽淤沙。此役"合用军夫三千名，约工五十日，其犒劳钱粮数目未敢轻议"[1]。可见其危害之重。

灌溉渠道的沙淤填埋屡屡可见。《甘州府志》记载，雍正十一年（1733 年）开垦高台三清湾等处土地，引水黑河，"十六民渠至板桥堡分水人渠……渠口至魏家寨二十余里，土沙相伴，中有流沙，河阔一百三十二丈，飞沙迷目。平日并无滴水，天雨则百川汇集，顿成巨浸，渠不能容，屡次冲决"，足见这一带沙害之烈。[2] 该引水渠又西经长 800 余丈的麻黄岗，"地形既高、风势必猛，一昼夜间积沙盈尺，更兼沙堤经水、易于冲卸"。为此，当地还总结出一套疏浚渠道的办法："冬日风多，沙飞填积，每当开冻土松之候，通例疏浚，名为挑春沟。但其间深浅宽狭，务在因地制宜，未可画一而论，总以宽挖、深挑、底平、沿厚为主。宽挖则水流势缓，不致冲塌；深挑即风吹沙聚，不患填满；底平则水溜；沿厚则堤坚，此疏浚之要也。"

---

① 李并成：《河西走廊历史时期沙漠化研究》，北京：科学出版社，2003 年，第 292 页。

② 李并成：《河西走廊历史时期沙漠化研究》，北京：科学出版社，2003 年，第 293 页。

《创修临泽县志·民政志》云，本县各渠"虽于清明节前后由各渠征集民夫修治，惟管理松懈，泥沙淤塞之处，未能浚深，影响水流速力"。1929 年抄本《临泽县采访录》记，黑河引水之板桥渠、八坝渠、九坝渠，"此三渠之艰困达于极点……所困难者渠身北靠沙漠，南近河岸，每逢风吹，即致沙起，最易淹蔽渠身。渠身一经沙填，水即不流"。为解决此问题，只好"另于沙漠迤南之处，别挑一渠……于渠之两旁及首尾劝令多植杨柳树株，以防风沙，而固渠沿"。民国十一年（1922 年），"板桥民众鉴于该渠渠规不善，咸议谋开新渠，以兴水利。但所开之新渠，率多沙质，随挑随坠；又河低地高水难上就，是以迄今七八年间，终未成功"。

六、锁阳城一带古绿洲的沙漠化

疏勒河洪积、冲积扇西缘古绿洲的东部，即旱湖脑城、肖家地古城、半个城等一带，在归义军以后即废弃沙漠化了。这一古绿洲的西部，即以锁阳城为中心的一带古绿洲（约 300 平方千米，约占整个古绿洲面积的 60%）的彻底荒废，则延至清代前期。[①]

有学者认为，唐瓜州锁阳城一带的废弃，是由于战争破坏水利设施，致使唐中叶以后流经锁阳城的河流改道东北流，灌溉水源断绝，迫使锁阳城绿洲废弃而形成土地沙漠化。诚然，唐代中叶以后这一带战事的确较多，对农田水利有所破坏，但锁阳城在这一时期并未废弃，直到元代仍为州一级的治所，明代中叶以前仍有人在活动，并曾是哈密卫的驻所。锁阳城一带绿洲沙漠化的危害和迹象早已有之，且有不断加剧之势，但这片古绿洲并未完全废弃。李并成先生认为锁阳城古绿洲的彻底沙漠化当是明代正德以后、清代前期的事，特别是伴随着康熙末年至乾隆初年疏勒河洪积、冲积扇扇缘东部和北部绿洲的大规模开发而产生的。

---

① 李并成：《河西走廊历史时期沙漠化研究》，北京：科学出版社，2003 年，第 293 页。

唐大历二年（767年）瓜州陷蕃后，由于资料缺失，吐蕃对瓜州的经营状况无从考证，但《太平寰宇记》记载了当时瓜州的户数："唐天宝户四百七十七，至长庆一千二百。"查《新唐书·地理志》，亦曰天宝瓜州有户477。唐长庆年间正是吐蕃占领瓜州的后期，其户数不但没有比天宝时减少，而且还有增加。当然这种增加应含当时吐蕃在瓜州设立大军镇（节度使）而增多的军政方面的人员。由此可推，吐蕃占领时期锁阳城绿洲不仅没有废弃，而且其农田面积还应较盛唐时有所发展。[①]

唐末至宋初，瓜、沙二地作为归义军政权的根据地和大本营，其开发经营备受重视。早在张议潮时期（848—867年），瓜、沙二州就整顿户口和登记土地，努力发展绿洲农业。其后这里的绿洲农业一直稳定发展，未见衰退。锁阳城东约1千米许的塔尔寺中出土的归义军时期的断碑载，当时其地"大兴屯垦，水利疏通，荷锸如云，万亿京坻"。可见这一时期锁阳城绿洲的农业发展迅速，并未出现明显的沙漠化迹象。正是凭借瓜、沙二州雄厚的经济实力，归义军政权才能在当时政局纷杂、政权林立的局面中雄踞一隅。[②]

在西夏统治瓜州的191年中，西夏亦很重视对本区的经略，锁阳城仍作为瓜州治所，且西夏12监军司之一的西平军司亦设于此。《宋史·夏国传》记有"瓜州西平"监军司，锁阳城西南约30千米的榆林窟第25窟、29窟西夏文题记中均提到"瓜州监军司"，现藏于故宫博物院和中国历史博物馆的西夏文《瓜州审判档案》中亦有"瓜州监军司"。监军司兵是西夏军队的主力，西平军司所在的锁阳城中必然有不少兵马，这时期锁阳城绿洲有大片的军队屯垦区域。榆林窟第15、16窟（西夏窟）长篇汉文题记中有"万民乐业海长清，永绝狼烟，五谷熟成"的语句，瓜州军民们祈求佛祖的保佑，以期五谷丰登，可见其重视程度。第3窟（西夏窟）中还可看到《犁耕图》《踏碓图》《锻铁图》《酿酒图》

---

① 李并成：《河西走廊历史时期沙漠化研究》，北京：科学出版社，2003年，第294页。
② 李并成：《河西走廊历史时期沙漠化研究》，北京：科学出版社，2003年，第294页。

等表现农业、手工业生产的壁画，画中二牛牵一犁，作二牛抬杠式，其耕作形式与同时期中原地区没有两样。所绘的锹、镢、锄、耙等农业生产工具亦与中原地区接近。这些资料表明，西夏时期锁阳城绿洲的农业生产仍在发展，未有明显的沙漠化迹象。

到了元代，锁阳城绿洲又开屯田，并积极招集流民前来开垦，其农业生产亦未荒废。《元史·兵志》记载："世祖至正十八年正月，命肃州、沙州、瓜州置立屯田。"《元文类·翰林学士承旨董公行状》云："始开唐来、汉延、秦家等渠，垦中兴、西凉、甘、肃、瓜、沙等州之土为水田若干，于是民之归者户四五万，悉授田种，颁农具。"可见当时瓜州的农业经营不逊于前。《元史·兵志》曰："大抵芍陂、洪泽、甘、肃、瓜、沙，因昔人之制，其地利盖不减于旧。"然而，世祖至元二十八年（1291年）以后发生了变化。《元史·地理志》记载："瓜州……二十八年徙居民于肃州，但名存而已。"锁阳城至此废不为州，民户大部东迁。此次徙民的原因主要是出于军防安全和交通方面的考虑，当时瓜州户口较少，垦种收获量不大，且距甘肃省会甘州较远，不便往来、运输，于是便有居民东徙之举。[①]我们也应看到，当时这一带的沙漠化现象已很明显，迫于风沙之患，民户流失较多，所剩人数本来就不多，而又采用整体移民的方式，所带来的生态后果只能是进一步加剧绿洲的荒芜沙化。[②]

所幸此次荒弃时间不长，因瓜州军事、交通地位重要，时隔12年这里再度驻防军队，屯垦戍卫，绿洲农业又见复兴。《元史·成宗纪》记载，大德七年（1303年），"御史台臣言：瓜、沙二州，自昔为边镇重地，今大军屯驻甘州，使军民反居边外，非宜。乞以蒙古军万人分镇险隘，立屯田以供军实，为便。"锁阳城绿洲遂又成了屯田之域。延及武宗之世，瓜州屯田的收获量已有不少。《元史·武宗纪》记载，中书省上言："沙、瓜州摘军屯田，岁入粮二万五千石。

---

① 李并成：《河西走廊历史时期沙漠化研究》，北京：科学出版社，2003年，第295页。
② 李并成：《河西走廊历史时期沙漠化研究》，北京：科学出版社，2003年，第296页。

撒的迷失叛，不令其军人屯，遂废。今乞仍旧遣军屯种，选知屯田地利色目汉人各一员领之。皆从之。"至仁宗时，瓜州屯田继续发展，延祐元年（1314年）十月，又专设"瓜、沙等处屯储总管万户府"，以司理屯田军储等事宜。锁阳城东1千米处的塔尔寺系元代建筑，中有大塔1座，周围有小塔9座，甚雄伟，1944年曾在该寺塔中发现大批古代经卷。可见塔尔寺在元代是一处颇具规模的佛教寺院，诵经拜佛，香火兴盛。这亦可表明元代的锁阳城绿洲虽遭风沙之患，但并未演变为荒漠，它仍是一处人们生活得较为兴旺的地域。[①]

明代以降，锁阳城又名苦峪城，先是作为安置归附的哈密等部族的处所。《明史·西域传》记载，天顺四年（1460年），"诏赐牛具谷种，并发流寓三种番人及哈密之寄居赤斤者，尽赴苦峪及瓜、沙州，俾自耕牧，以图兴复"。《重修肃州新志·柳沟卫·古迹》亦载："明天顺四年，哈密忠顺王母努温答失里主国、被北酋乜加思兰袭破其城，率亲属、部落，走苦峪。成化年间中哈密都督罕慎，又为吐鲁番阿力所袭，退居苦峪。"罕慎势孤，朝廷命加筑苦峪城，并于成化八年（1472年）移哈密卫于此，其所率部众即安置在这一带从事耕牧。不久，罕慎重复兴，纠众夺回了哈密城，还居故土，侨置苦峪的哈密卫遂裁。弘治中期，西域"忠顺王陕巴，为吐鲁番阿黑麻所执，哈密居人，亦以穷窘难守，尽焚庐室。走肃州"，亦被安置在苦峪城一带耕牧。[②]可知这一时期锁阳城绿洲仍未荒弃，成了明朝安置西域一些部族的处所。然而"正德后，吐鲁番益张，苦峪诸城皆为所残破"。明朝势衰，遂对嘉峪关外进一步采取弃置政策，不复经理，苦峪等城池任其残破，其周围一带绿洲遂趋于荒败，风侵沙淤，到了清代前期完全演变为沙漠化土地。乾隆二年（1737年）《肃州新志·柳沟卫》描述锁阳城周围景观："城外北面多红柳黄辰，耕地尚少，西、南二面则平畴千顷，沃野弥望，沟塍遗迹绣错纷然。"其引灌渠道"今俱干涸无水，渠身沙

---

① 李并成：《河西走廊历史时期沙漠化研究》，北京：科学出版社，2003年，第296页。
② 李并成：《河西走廊历史时期沙漠化研究》，北京：科学出版社，2003年，第297页。

砾，所以此城遂废"。260 多年前的衰败景象与今日略同。

锁阳城绿洲彻底沙漠化，主要在于清代前期疏勒河流域开发地域的转移。疏勒河洪积、冲积扇扇缘东部和北部绿洲大举拓垦，大兴灌溉，遂使扇缘西部的锁阳城地区再无流水注入，以致形成了今天的景观。查《大清一统志》《甘肃通志》《重修肃州新志》《安西县采访录》《玉门县志》等知，康熙五十七年（1718 年），于扇缘东部新置靖逆卫（今玉门镇），于扇缘北部新置柳沟所（今四道沟）；雍正元年（1723 年），又于扇缘北部新置安西厅（今布隆吉城）及所属安西卫，雍正五年（1727 年）升柳沟所为卫，并改隶安西厅。至乾隆初年，这一厅三卫于扇缘东、北部共开凿灌渠 10 余条，计长约 150 千米，共辟地 10余万市亩，其人口亦增至万人以上，远大于盛唐时期整个瓜州的民众之数。农业开发的兴盛，人口的激增，使有限的疏勒河水在扇缘东部和北部被大量引灌，扇缘西部的锁阳城一带遂断流干涸。[①]

《重修肃州新志·靖逆卫》记载："自康熙五十八年，相度于达里图筑靖逆城，始堰昌马河口，逼水东流，分为靖逆东、西两渠，溉新垦地，招户民居之。"《甘肃通志稿·安西县采访录》所辑"安西、玉门两处互争水案摘要"亦云，是年"靖逆招来屯户于睡佛洞前，高筑巨坝（今昌马大坝），将河水堵向东南，而三、四道田地遂无点滴灌注"。从而使昌马河口原向西分流流向锁阳城一带的古河道断流。正是在此种情况下，明代正德年间以后已废弃的锁阳城垦区完全干涸，并在当地强劲风力的作用下，流沙壅起，最终演变成了风蚀弃耕地与吹扬灌丛沙堆相间分布的沙漠化土地。可见，因人为作用导致的开发地域的转移及其水流状况的变化乃是锁阳城绿洲沙漠化的主因。[②]

---

①　李并成：《河西走廊历史时期沙漠化研究》，北京：科学出版社，2003 年，第 297 页。
②　李并成：《河西走廊历史时期沙漠化研究》，北京：科学出版社，2003 年，第 298 页。

第四节　明清时期河西地区的生态文化

明清时期，甘肃地区的军屯垦殖达到历史顶峰，以旱灾为主、多种自然灾害共发的甘肃地区灾害环境与其原本脆弱的生态环境产生共振，生态环境日趋恶化，一定程度上加剧了自然灾害的发生及其对甘肃地区农业生产的不利影响。人类的主观能动性往往会在自身生存和生活受到威胁时发挥作用，并指导其行为去应对和改变周遭的环境和威胁。生态环境的恶化和自然灾害的加剧，制约该区农业经济发展和人们的生活，当地人在被迫适应灾害环境的同时，开始主动思考生态环境与自然灾害的内在关系，在思想层面逐渐形成通过保护森林植被、改善生态环境来降低自然灾害的威胁，从而促进农业生产。明清时期生态意识的产生有其独特的时代背景，同时也是中国古代朴素生态保护意识的延续。

一、重点保护祁连山生态环境

发源于祁连山的石羊河、黑河、疏勒河三大内陆河流域历来为河西民众的"生命之源"。乾隆《永昌县志》记载："倘冬雪不盛，夏水不潮，常若涸竭……惟赖留心民瘼者，严法令以保南山之林木，使荫藏深厚，盛夏犹能积雪，则山水盈留。近湖之湖坡，奸民不得开种，则泉流通矣。"这里的"南山"就是指祁连山，其意是说"留心民瘼"的地方官员，应"严法令"，保护祁连山林木，不许"奸民"滥垦耕种，以保护水源。

嘉庆七年（1802年），宁夏将军兼甘肃提督苏宁阿在《八宝山来脉说》中云："故八宝山为西宁、凉州、甘州、肃州周围数郡之镇山。山生杉松、穗松山之草木、牲畜、禽鸟，人无敢动者，动则立见灾祸。附近蒙古熟番，以及牧厂人等，俱皆敬畏戒守，不敢妄行……考诸山川来脉形势，周围数百里之山，再无与八宝山齐高者，是知其为西凉甘肃四郡之镇山也，所以永远禁止樵采。"① 八宝山是祁连山著名的山峰。八宝山作为"镇山"，具有神秘性，可以保护森林和水源。苏宁阿在《引黑河水灌溉甘州五十二渠说》中认为：

> 黑河出山后，至甘州之南七十里上龙王庙地方，即引入五十二渠灌田，甘州永赖，以为水利，是以甘州少旱灾者，因得黑河之水利故也。黑河之源不匮乏者，全仗八宝山一带山上之树多，能积雪融化归河也。河水涨溢溜高，方可引以入渠。若河水小而势低不高，则不能引入渠矣。所以八宝山一带山上之树木、积雪、水势之大小，于甘州年稔之丰歉攸关。

苏宁阿在《八宝山松林积雪说》中云："甘州人民之生计，全依黑河之水……甘州居民之生计，全仗松树多而积雪。若被砍伐，不能积雪，大为民患。自当永远保护。"② "永远禁止樵采"，永远保护八宝山森林，充分反映了清代地方官员对祁连山生态保护的态度。

清光绪十七年（1891 年）十月，浙江秀水（今嘉兴）人陶保廉西行经张掖，他在《辛卯侍行记》中写道："甘州少雨，恃祁连积雪以润田畴。盖山林荫森，雪不骤化，夏日渐融，流入弱水，引为五十二渠，利至溥也。"陶保廉对因开办邮电、大肆砍伐祁连山树木深恶痛绝。③ 他说：

> 去年，设立电线，某大员代办杆木，遣兵砍伐。摧残太甚，无以

---

① 钟赓起纂，张志纯等校点：《甘州府志》，兰州：甘肃文化出版社，1995，第 45 页。
② 钟赓起纂，张志纯等校点：《甘州府志》，兰州：甘肃文化出版社，1995，第 46 页。
③ 谢继忠：《明清以来河西走廊生态环境保护思想及其实践》，《兰台世界》，2014 年第 11 期，第 37 页。

荫雪，稍暖遽消，即虞泛滥。入夏乏雨，又虑旱暵，怨咨之声，彻于四境。窃意电木所需无多，酌量刊用，或购诸木商，略费公款，无损于民。乃以节钺重臣，任驵贾之职。并大逾合抱者，多遭斩刈。山径崎岖，不能扛运，须乘水发时冲出，大半折坏，或被番民截以为炭。百年菁华，万民生计，漫不顾惜，能勿伤哉！①

这里所反映的是陶保廉对人为破坏祁连山林木的深深忧虑。

1940年，慕少堂在《甘州水利溯源》中提出了保护黑河水源和保护八宝山森林的主张：

张掖昔绕松柏，八宝山更蕃，犹酸枣之姓沟豫章之名郡也。故能冬则积雪，夏即消融，为张掖五十四渠灌溉之源，其利溥也。提督苏宁阿每树一株，悬一铁牌，偷伐者与杀人同。近年以来，无人爱护保存，砍伐濯濯，无能化牛矣。致积雪失荫蔽，春暖则骤融骤泻，余水不能尽其用，秋季用水之时，而流量微弱，欲调节及延长消融期间，则保护森林为第一要务。②

二、严明法律，依法保护

明万历三十一年（1603年），镇番（今民勤）"三岔河岸柳棵失盗，知事委参将李秉诚诘之。嗣侦知为农民何毓芹与其侄何所信所为"，对何毓芹及其侄进行了严厉制裁，"因杖毓芹四十，所信二十，各罚银二两五分，限期交付，

---

① 陶保廉：《辛卯侍行记》，兰州：甘肃人民出版社，2002年，第290页。
② 张掖地区志编纂委员会：《张掖地区志（下卷）》，兰州：甘肃人民出版社，2010年，第2743页。

延期再罚。"①

苏宁阿任甘肃提督时，"有商民请开八宝山铅矿，大吏已允如所请，特以地属甘提，征求提督同意。苏乃亲往履勘。见八宝山松柏成林，一望无涯，皆数百年古木，积雪皑皑，寒气袭人。欣然曰：'此甘民衣食之源，顾可徇一二奸商之意，牺牲数百致所培之松林耶！'乃反对开矿，专折奏明，幸沐允从。用铁万斤，铸'圣旨'二字，旁注'伐树一株者斩'。是认八宝山森林为国所有，后之守土者随遵严禁，以保水源，则有功于张掖者大。"②苏宁阿反对在八宝山开铅矿，专折奏明，得到皇帝赞许。"伐树一株者斩"，表明了保护祁连山的态度。

《镇番遗事历鉴》记载，道光二十八年（1848年），"二月飓风。东沙窝禁砍樵，继而，西沙窝亦禁之。违者罚钱二两，屡违者以约法论之。"至清代，河西走廊石羊河下游镇番土地沙漠化愈演愈烈，其重要原因就是人为的滥垦乱伐。此时，用法律手段惩罚违法者是地方官员在生态环境恶化的残酷现实面前一种明智选择。

光绪二十七年（1901年），张掖县、山丹县分别判决了"双寿寺山地木植、水源案"。《东乐县志》记载："据山丹县属南滩十庄士民何其隆等，与东乐（今民乐）属六大坝民刘应试等，在府县各衙门互控，争夺双寿寺山地木植、水源各等情一案。"

经张掖县判决：

　　除西水关以内林木甚繁，自应严禁入山，以顾水源。西水关以外以，五里留为护山之地，不准采薪，尚有十里至双寿寺，即准采薪，

　　① 谢继忠：《明清以来河西走廊生态环境保护思想及其实践》，《兰台世界》，2014年第11期，第37页。

　　② 白册侯、余炳元著，施生民校点：《新修张掖县志》，兰州：甘肃人民出版社，1998年，第343页。

以资烟火。此十五里山场，作为三分，以二分地顾烟火，以一分地护水源，打立界碑，永远遵行。并令采薪人民，入山时只准用镰刀，不准用铁斧，如有砍伐松柏一株者，查获罚钱二十串文，充公使用，并照案出示晓谕，以使周知。①

山丹县的判决是：

两县分界，仍照大河为准，所有老树林，两县均不准砍伐，以护水源。尹家庄、展家庄用镰刀砍伐烧柴，只在老君庙以下。老君庙以上，无论何县田地，均应保护林木，不准砍伐，如有犯者，从重处罚，各有遵结完案。尔士民等自应遵此断案，公立界碑，以息讼端，而垂久远。②

通过断案，划分禁止、限制采薪区域，采薪"只准用镰刀，不准用铁斧"，"不准砍伐"松柏，以及违法砍伐树木的处罚都有法律规定，将其刻在界碑上，晓谕民众，"永远遵行"。

三、植树造林防风固沙

明万历三十一年（1603 年），镇番教授彭相，"倡率在学生员每人植树二十棵，栽柳五十株。定例活有十之七八者，赏银二钱，十之四五者，赏银一钱，十之三四者，赏银六分，十之一二者，无赏无罚；皆活者赏银三钱，皆死者罚

---

① 张著常等纂，刘汶等校注：《东乐县志·创修民乐县志》，兰州：兰州大学出版社，2009 年，第 62 页。

② 张著常等纂，刘汶等校注：《东乐县志·创修民乐县志》，兰州：兰州大学出版社，2009 年，第 62 页。

银三钱，是故生员栽植，不敢敷衍塞责焉。"① 由于赏罚分明，故在学生员植树颇有成效。

康基渊于乾隆三十九年（1774年）任肃州直隶知州，他提出了一系列治理地方的措施，其中有专论植树条目。

> 劝民广种树株。郡城民用柴薪，远从王子庄边墙外采取。往返八阅日，每车得价四百余文。公于东北郊关外，相得湖地、废滩二区，不堪艺禾，适堪种树。因劝城东、黄草、沙子、河北四坝，于农隙协力浚深沟洫，以泄卤碱，种植杨柳十万余株，引各坝灌田余水浸浇。虑官为经理，久滋弊废，擢坝民之有行谊者董理其事。详明各宪，照下则例，按亩升科，俾永为民业。建立民亭三楹，守户住屋八所。于今树以成株。间有剥损，每春坝民不烦董劝，自为树植，盖愚民亦知为己利而不遗余力也。十年之计在木，转瞬樵薪。合郡农末均沾惠利矣。又广谕乡堡种植，于总寨屯军营、临水、图尔等坝，弥望树荫，踵而增者，利更无穷，孰非我公之留遗欤？②

康基渊号召"种植杨柳十万余株"，使肃州百姓"均沾惠利"，此举受到普遍赞誉。

康熙四十三年（1704年），镇番名士"孙克明等募资修葺苏武庙，筑土屋数间，佣人看守，专行种植树木之责。是年栽植香椿二十株，土榆五十株，紫槐三十株，杨树二千株，沙枣二千株"。至民国时，谢广恩按云："苏山树株，今安在乎？今所见者，沙砾、白草、野兔、老鹰而已。询之耆老，金曰：'曩

---

① 谢树森、谢广恩：《镇番遗事历鉴》，香港：香港天马图书有限公司，2000年，第125页。

② 吴生贵、王世雄等校注：《肃州新志校注》，北京：中华书局，2006年，第546页。

年树株，葱茏四被……争筑寨垒，于是席卷空空也。'嗟夫，伤哉！"① 康熙四十三年在镇番植树 4000 多株，到同治年间，树木被砍伐殆尽。

明清以来，有识之士对河西走廊生态环境保护的思想及实践，对今天保护河西走廊的生态环境、实现人与自然的和谐、走可持续发展道路仍然具有重要的借鉴意义。

---

① 谢树森、谢广恩：《镇番遗事历鉴》，香港天马图书有限公司，2000 年，第 245 页。

第五章

『风吹草低见牛羊』
——河西地区生态治理

河西地区提出生态重建与经济可持续发展战略，大力推进生态文明建设，系统治理山水林田湖，石羊河（武威段）成功入选"全国美丽河湖优秀案例"提名，八步沙林场成为全国"绿水青山就是金山银山"实践创新基地，河西以创新、协调、绿色、开放和共享发展的生态治理实践，为河西人民美好的生活、诗意地栖居奠定了良好的环境基础。

第一节 河西地区的开发政策

1949 年以来，为了满足人民日益增长的物质生活需求和工农业经济发展需要，河西走廊地区进入了历史性的大发展时期，区域开发深度及广度与之前无法比拟，区域经济和绿洲发展成绩斐然。

一、河西商品粮基地建设

1974 年 8 月 16 日，中共甘肃省委决定成立"两西"农业工作小组，基本任务是"规划与落实农业开发举措，着力推动河西地区进一步建设成为国家级商品粮基地，协同推进以定西为代表的中部干旱地区农业生产发展"。1977 年，中共中央批准河西走廊为全国重点建设的十大商品粮基地之一，随之而来的就是大规模的垦荒种粮。到 1989 年，河西粮食总产达 21.17 亿千克，占甘肃全省粮食总产的 33.1%，比 1978 年增长 42.3%，商品率达 41%；河西地区以占全省 17% 的人口和 19.2% 的耕地生产出全省 33.1% 的粮食和 63% 的商品粮，为解决甘肃以定西为代表的中部 18 县农民的"温饱问题"提供了最佳方案，使得国家救济式的"输血"变为甘肃地方开发式的"造血"；同时，河西商品粮基地的发展为后续"三西"建设决策的提出奠定了基础。

二、"三西"建设

"三西"是指甘肃河西、以甘肃定西市为代表的中部地区以及宁夏南部西海固地区。甘肃省以定西为代表的中部干旱区与宁夏西海固是全国出了名的贫困地方，由于干旱少雨，开发条件恶劣，自然灾害频发，"人缺粮、畜缺草、人畜缺水"。党和政府极为关注两地人民群众的生活，周恩来总理曾多次指示并派人前去发放"救济粮、救济款和救济物"，据统计，"1973 年至 1982 年的十年间，定西地区共吃国家回销粮 14 亿公斤，每户平均 3000 多公斤；发放救济款共 1.2 亿元，平均每年达 1000 多万元。""吃粮靠返销、生活靠救济、生产靠贷款"的状况在定西与西海固一带持续了很多年。1982 年 12 月，国务院启动实施甘肃河西地区、定西地区和宁夏西海固地区的农业建设扶贫工程。暂定在 20 年内，每年由国家拨出专项资金 2 亿元作为"三西"建设专款，集中解决这一片的贫困问题。作为我国第一个农业区域开发重点项目，"三西"地区确定了"大力种草、种树，兴牧促农，因地制宜，农林牧副全面发展"的扶贫开发思路，从保护和恢复生态条件入手，着手退耕还林、种草种树、推广节能灶，妥善解决燃料和饲料等问题，发展畜牧业生产；以加强农业基础建设为重点，进行基本农田建设、水利建设、人畜饮水工程建设、林草建设、农电建设，增强"三西"地区抗御自然灾害的能力；与此同时，还实施了大规模的自愿移民搬迁工作。到 1985 年，"三西"地区种草 1000 多万亩，种树 600 多万亩，其中退耕还草、还林 400 多万亩。

三、"再造河西"

改革开放以来特别是经过"两西"建设，河西地区农业和农村经济的综合生产能力和质量有了大幅度提高。为贯彻落实党的十五大精神、为落实江泽民同志"再造山川秀美的西北地区"的指示精神，甘肃省委、省政府于 1997 年 7 月提出了"再造河西"战略。"再造河西"战略依托河西三地（武威、张掖、酒泉）两市（金昌、嘉峪关），主要奋斗目标是："经过 5 年的努力，使河西地区综合生产能力和经济实力增长一倍，农村增加值翻一番，农民人均纯收入力争翻一番，以发展节水高效农业为基础，以推动农业产业化为主要途径，促进农业和农村经济的整体发展。""再造河西"的立足点是农业和农村经济，要解决的关键问题是节流挖潜，保护利用好有限的水资源，恢复和重建生态环境，实现生态与经济共同发展。时任甘肃省省长宋照肃对于"再造河西"提出"三个为主":以节约用水为主、以科技再造为主、以生态保护为主,要把生态保护放在"再造"的首位和重中之重。

四、西部大开发

1999 年 9 月,中共十五届四中全会正式提出"我国要实施西部大开发战略"。同年 11 月,中央经济工作会议部署着手实施西部地区大开发战略,标志着西部大开发战略正式开始实施。西部大开发是一个世纪性宏伟决策,纳入这一计划的省、市、自治区达 12 个,国土面积达到了 686.7 万平方公里。国家提出西部大开发要以生态环境保护为根本,依靠科技进步和改革开放实现跨越式、可持续发展。把生态环境建设列为西部大开发的"首位"和"重中之重",显示了国家首先以改变生态环境贫困为突破口让西部地区走出恶性循环圈的决心,是对中华民族实现伟大复兴的高度负责,也成为西北生态环境否极泰来的大转机。江泽民在 2000 年 3 月 12 日的中央人口资源环境工作座谈会上讲话时明确指出,西部大开发应树立"谁开发、利用谁保护,边开发、利用边保护"的思想观念。2000 年 12 月,国务院印发《全国生态环境保护纲要》,规定了全国环境资源保护的一般目标、近期目标和远期目标。

经过数次大规模的开发与建设,河西地区经济发展取得显著成就。截至 1998 年底,河西地区国内生产总值达到 221.33 亿元,占甘肃省国内生产总值的 25.44%;以其占全省不到 19% 的耕地,生产着占全省 32% 的粮食、42% 的油料、90% 的棉花、87% 的甜菜、28% 的瓜果和 29.6% 的肉类,提供了占全省 70% 的商品粮,[1] 成为西北地区重要的商品粮、蔬菜和瓜果生产基地,也成为甘肃省经济社会发展最具活力的地区之一。

---

① 朱同心主编:《定西大有希望——定西扶贫开发二十年纪实》,兰州:敦煌文艺出版社,1999 年,第 13 页。

第二节　西部大开发战略实施以来河西生态保护

西部大开发战略实施以来，强调保护生态环境贯穿始终，国家出台了相当数量的生态环境保护类政策，加大生态环境建设，水土保持、退耕还林、天然林保护、"三北"防护林、防沙治沙等生态建设工程稳步推进，河西地区生态环境呈现逐步改善的趋势。

2002 年，国家全面启动了退耕还林工程，发布《退耕还林工程规划》，按规划逐步将生态环境脆弱、容易造成生态破坏而引发沙尘暴、洪涝、泥石流等自然灾害的耕地停止耕种，植树造林，恢复森林植被。退耕还林工程涵盖了中西部 25 个省（区市），1000 多个县（区旗），涉及 1330 万农户，5300 万农民。据统计，自 1999 至 2001 年底，国家在中西部地区投入粮食、种苗和现金补助达 200 多亿元，全国累计完成退耕还林任务 11548 万亩，其中退耕地造林5582 万亩，荒山荒地造林 5966 万亩。2003 年开始，国家在西部 8 省区和新疆生产建设兵团启动退牧还草工程，工程惠及 174 个县、90 多万农牧户、450 多万名农牧民。在西部荒漠草原，内蒙古东部退化草原，新疆北部退化草原和青藏高原东部江河源草原，先期集中治理 10 亿亩，约占西部地区严重退化草原的 40%。

西部大开发战略实施期间，甘肃省相继建成引大入秦工程、疏勒河农业综合开发项目、黑河流域近期治理项目、东乡南阳渠灌溉工程等一批骨干工程；备受关注的石羊河流域重点治理项目、引洮供水一期工程开工建设并取得积极进展；先后建成了一大批惠及全省农村人口的饮水安全项目，完成了 73 座病险水库除险加固任务，实施了 64 个万亩以上灌区续建配套与节水改造，圆满完成了张掖市全国第一个节水型社会建设试点工作。全省水利工程供水能力由

2000 年的 133 亿立方米增加到 2009 年的 141 亿立方米，净增 8 亿立方米；解决了 969 万农村人口的饮水困难和饮水安全问题；灌溉面积从 1833 万亩发展到 2078 万亩，净增 245 万亩；发展节水灌溉面积 345 万亩，累计达到 1038 万亩；发展集雨补灌面积 277 万亩，累计达到 550 万亩；治理水土流失面积 1.3 万平方千米，累计达到 7.7 万平方千米，其中净增梯田面积 455 万亩；净增小水电装机 75 万千瓦，累计达到 195 万千瓦；新修堤防 1542 千米，累计达到 3221 千米。① 以供水、灌溉、防洪、发电、生态保护为主的水利工程体系在保障饮水安全、粮食安全、防洪安全、生态安全和促进经济发展与环境保护等方面发挥了巨大作用。

在西部大开发战略实施中，河西地区充当着"开发极"和"开路先锋"的重要角色。提出了河西地区生态重建与经济可持续发展的战略思路，包括：把生态重建作为经济可持续发展的切入点，实施"大生态"战略；最大限度地节水，创造条件小范围调水，实施"大节水"战略；运用市场机制和高新技术开拓资源优势，实施"大资本"战略；推进工业化和农业产业化与结构转换，实施"大调整"战略；营造大开发的投资环境与开放环境，实施"大联通"战略。通过实施退耕还林退牧还草、"三北"防护林建设、沙化土地封禁保护区建设等国家生态工程，河西生态脆弱区生态环境明显好转，水土流失得到有效控制。

一、退耕还林、退牧还草工程

河西地区特殊的自然环境，导致其风蚀、水蚀问题并存，特别是祁连山北麓存有不同程度的风水复合侵蚀。因此，水利部、国家发展改革委、财政部、自然资源部、生态环境部、农业农村部、国家林业和草原局联合印发制定《全国水土保持规划（2015—2030 年）》，明确将河西地区祁连山及黑河流域土壤侵蚀风险较高的地带划定为"祁连山—黑河国家水土流失重点预防区"的重要组

---

① 杜林杰：《西部大开发的甘肃答卷》，《新西部》，2019 年 10 月上旬刊，第 2 页。

成部分，主要涉及金塔县、高台县、永登县、天祝藏族自治县、张掖甘州区、民乐县、临泽县、肃南裕固族自治县。此外，为减缓区域环境压力，自1999年以来，甘肃省率先在全国开展退耕还林还草工程试点。截至2013年底，共投入资金223.04亿元，完成工程任务2845.3万亩，惠及全省14个市（州）的166.9万农户。按照《甘肃省加快转型发展建设国家生态安全屏障综合试验区总体方案》的要求，河西地区被划定为全国五个退耕还林还草重点建设区域之一，重点治理坡耕地在15°—25°之间的非基本农田以及退化较为严重的耕地。其中，针对退化严重的耕地将其改为防风固沙林和农田防护林，以抗旱的沙生灌木（梭梭、花棒、沙棘、毛条、柽柳等）和树种（新疆杨、樟子松等）以及耐旱牧草（苜蓿、白沙蒿等）为主；重要水源地15°—25°坡耕种地林主要改为水源涵养林，以耐寒乔木（云杉、油松等）和灌木（沙棘、锦鸡儿等）为主。经过多年治理，河西生态建设成绩显著，局部生态环境明显好转。

二、"三北"防护林建设工程

作为我国三北防护林建设的重点地区之一，河西地区以"南保水源，北治风沙，中建绿洲"为总体战略目标，坚持以防为主，封造并重的方针。在建设"三北"防护林的三个时期（第一期1978—1985年，第二期1986—1995年，第三期1996—2000年）中，尤以二期工程成绩最为突出。二期工程完工后，河西走廊内营造防风固沙林带1204千米，农田林网和四旁植树17347万株，折合面积4.68万公顷，营造经济林1.6万公顷，有31.65万公顷农田基本变农田林网，占有效灌溉面积的63.3%。

党的十八大以来，武威市以习近平总书记生态文明建设战略思想为指导，牢固树立"绿水青山就是金山银山"理念，坚持走生态优先、绿色发展之路，优化"南护水源、中保绿洲、北治风沙"布局，大力实施山水林田湖草生态修复工程，深入开展防沙治沙和国土绿化行动，全力推进生态文明建设，形成了以南部山区水源涵养林、中部绿洲农田防护林和北部沙区防风固沙林为基本框架的生态防护林体系，生态环境面貌得到显著改善，重点地区风沙危害和水土流失得到有效遏制，生态状况发生明显转变。

一是南部水源涵养林区得到有效保护。在祁连山水源涵养林区实施禁止采伐、开垦、放牧、采挖等保护措施，天然林保护走在了全国、全省的前列。通过营造水源涵养林和封山育林，恢复和扩大森林面积 40 万亩，从未发生过森林火灾，有效地保护了哺育武威人民的"绿色水库"。

二是中部绿洲生态经济型防护林网日臻完善。中部绿洲营造农田防护林 54 万亩，建成林网化农田 200 多万亩，有效地改善了农田小气候，受林网保护的农田增产 15% 以上，对农业的稳定增产起到了较好的保护作用。境内国道、省道、县乡道路等骨干道路绿化全线贯通，2010—2018 年，共完成通道绿化 9705.9 公里。

三是北部防沙治沙示范区建设成效明显。北部沙区营造防风固沙林 288.51 万亩，治理重点风沙口 240 个，封沙育林草 174 万亩，建成了民勤老虎口、西大河、青土湖、古浪民调渠沿线、八步沙、凉州头墩营等治沙典型范例，连片治理面积均达到 10 万亩以上。民勤县红崖山水库至三角城一线的库区、龙王庙、勤锋滩、三角城及青土湖等地，凉州区红水河沿岸的九墩滩、长城、头墩营，古浪县永丰滩至冰草湾一线的民调渠沿线、新井北沙窝为重点，造林保存面积 190.41 万亩，是 1978 年前的 3.4 倍多。

世界最大的生态工程、防沙治沙的重点标志性工程——"三北"工程经过不懈努力，在横跨我国北方 400 多万平方公里的土地上筑起了一道绿色生态屏障。第六次全国荒漠化和沙化调查结果显示，截至 2019 年，我国首次实现了包括甘肃省在内的所有调查省份荒漠化和沙化土地"双逆转"。2023 年是"三北"防护林体系建设 45 周年。2023 年 6 月，习近平总书记在巴彦淖尔考察并主持召开加强荒漠化综合防治和推进"三北"等重点生态工程建设座谈会时强调："人类要更好地生存和发展，就一定要防沙治沙。这是一个滚石上山的过程，稍有放松就会出现反复。"习近平总书记强调，2021—2030 年是"三北"工程六期工程建设期，是巩固拓展防沙治沙成果的关键期，是推动"三北"工程高质量发展的攻坚期。要完整、准确、全面贯彻新发展理念，坚持山水林田湖草沙一体化保护和系统治理，以防沙治沙为主攻方向，以筑牢北方生态安全屏障为根本目标，因地制宜、因害设防、分类施策，加强统筹协调，突出重点治理，调动各方面积极性，力争用10年左右时间，打一场"三北"工程攻坚战，把"三北"工程建设成为功能完备、牢不可破的北疆绿色长城、生态安全屏障。自然资源部、国家林草局起草了《关于加强荒漠化综合防治和推进"三北"等重点生态工程建设的意见》，国家发展改革委已牵头编制完成"三北"工程总体规划修编。

三、河西走廊沙化土地封禁保护区建设

2006年，国家提出建设国家沙化土地封禁保护区，"对地质时期形成的沙漠、沙地和戈壁实行全面的封禁；对沙漠周边人为破坏严重、沙化扩展加剧、生态区位重要、应当治理而当前又不具备治理条件的沙化土地划定为若干个沙化土地封禁保护区，采取在保护区四至边界设置围栏和生态移民等措施，禁牧、禁垦、禁伐、禁樵、禁止狩猎，保护荒漠植被，促进荒漠植被的自然恢复，达到遏制沙化扩展、维护生态安全的目的。"2013年，中央政府正式启动了国家沙化土地封禁保护区建设试点并给予试点建设县中央财政补助；2015年，国家林业和草原局（原国家林业局）出台了《国家沙化土地封禁保护区管理办法》，明确了沙化土地封禁保护区建设的选址要求、建设内容、封禁规模、期限及配套设施等相关规定。沙化土地封禁保护区建设试点自2013年启动，暂定封禁期限为7年。从2013年起，河西走廊先后有14个县（市、区）获批成为沙化土地封禁保护区建设中央财政补助试点县，它们分别是敦煌、金塔、民乐、临泽、永昌、民勤、玉门、凉州、古浪、金川、景泰、环县、阿克塞、高台。目前，河西走廊项目实施区已全部完成封禁保护设施建设，通过封禁进入生态系统的自我修复和植被恢复。

河西走廊国家沙化土地封禁保护区累计投入中央专项资金2.2亿元，封禁沙化土地面积达40.9万公顷，通过生物压沙、机械压沙等多种技术措施实施固沙压沙面积6478.2公顷，人工促进自然修复沙区面积1.22万公顷，生态成效监测显示植被盖度由基线时平均3%—10%增加到15%以上。沙化土地封禁保护区建设对修复局部生态系统平衡、促进大生态系统功能的改善发挥了显著作用；同时，封禁区建设提高了河西居民的生态保护意识和对生态治理政策的认知度，增加了封禁区所在地农民的务工收入，提供了额外的就业机会，拉动了当地治沙造林相关产业的增长，取得了较明显的社会经济效益。

河西地区作为我国重要的生态安全屏障，自"退耕还林"工程、"天保"工程、"三北"防护林体系建设及沙化土地封禁保护政策实施以来，生态建设取得阶段性成果，石羊河、疏勒河等流域水资源利用效率得到提升，植物物种数量和植被盖度显著增加，土地荒漠化和沙化的扩展趋势得到遏制，土地荒漠化及沙化程度进一步减轻，生态安全等级总体向好。

第三节　生态文明建设背景下武威生态保护及恢复

人类文明经过原始文明、农业文明、工业文明，正在迈入生态文明。生态文明是人类在反思工业文明造成生态危机以及生态危机对人类生存的严重威胁的过程中产生和发展起来的先进文明。2007 年，中国共产党在十七大报告中提出了建设生态文明，并将其作为"实现全面建设小康社会奋斗目标的新要求之一"，生态文明建设进入新发展阶段。党的十八大以来，以习近平总书记为核心的党中央高度重视生态文明建设，高瞻远瞩，做出了坚持人与自然和谐共生、"绿水青山就是金山银山"、绿色发展和生产生活、山水林田湖草治理等一系列重要指示，反复强调生态环境保护是功在当代利在千秋的事业。大力推进生态文明建设是我们党建设美丽中国的重要任务，也是贯彻落实新发展理念和实现中华民族永续发展的重要举措。

一、我国生态文明建设理念、战略的提出与实践

2007 年，"生态文明"首次出现在党的十七大报告中，报告对生态文明建设的基本内容和目标进行了简要阐释，强调要"基本形成节约能源资源和保护生态环境的产业结构、增长方式、消费模式。循环经济形成较大规模，可再生能源比重显著上升。主要污染物排放得到有效控制，生态环境质量明显改善。生态文明观念在全社会牢固树立"。之后，党和国家领导人也发表了一系列重要讲话，推动生态文明建设的各项任务顺利开展，生态文明理念逐渐渗透至中国社会各领域。在这一基础上，党的十八大报告独立成篇论述"大力推进生态文明建设"，把生态文明建设纳入中国特色社会主义"五位一体"总布局之中，并强调要将生态文明建设放在突出地位，"融入经济建设、政治建设、文化建

设、社会建设各方面和全过程，努力建设美丽中国，实现中华民族永续发展"，生态文明建设被提升到了前所未有的战略高度。为了大力推进生态文明建设，中央陆续出台相关政策措施，如十八届三中全会提出加快建立系统完整的生态文明制度体系，十八届四中全会要求用严格的法律制度保护生态环境，十八届五中全会提出了"五大发展理念"并将绿色发展作为"十三五"乃至更长时期经济社会发展的一个重要理念。可以说，十八大以来，生态文明建设在理念培育、主体架构、制度建设以及治理实效等方面均取得了显著成效，促成了我国生态文明建设理论与实践的全面飞跃。

首先，在理念培育上，通过发布相关政策文件以及国家领导人发表的系列重要讲话，国家向社会传递了众多生态文明的新理念，如"绿水青山就是金山银山""尊重自然、顺应自然、保护自然""绿色发展理念""环境就是民生，青山就是美丽，蓝天也是幸福"等，这些生态理念的传播对全社会培育形成生态文明理念具有积极的作用。其次，在主体架构上，我国通过改革逐渐形成了"政府＋司法机关＋社会组织＋企业＋个人"的生态文明建设的主体架构，这一主体架构更加科学合理。在制度建设上，我国已经初步建立起由生态文明绩效评价考核和责任追究制度、资源有偿使用和生态补偿制度、国土空间保护制度以及相关法律制度等共同构成的生态文明建设的制度体系，但在实践中还应不断对其进行健全完善。最后，在治理实效上，治污减排、环境质量改善和环境风险防控等工作均取得了巨大进展，基本实现了预期任务目标，生态文明建设带来的治理实效为全社会有目共睹。这一时期，生态文明建设在国家战略体系中被正式提出并不断发展，其战略地位达到了前所未有的高度并取得了举世瞩目的成就，中国生态文明建设进入了全面飞跃阶段。

中共十九大宣告了我国生态文明建设进入了新时代，新时代生态文明建设的鲜明特征就是与社会主义现代化建设紧密结合。十九大报告将"美丽"纳入国家现代化目标之中，强调要"把我国建成富强民主文明和谐美丽的社会主义现代化强国"，实现物质文明、政治文明、精神文明、社会文明、生态文明的全面提升，并号召全体人民"牢固树立社会主义生态文明观，推动形成人与自然和谐发展现代化建设新格局"。报告还将"坚持人与自然和谐共生"作为新时代坚持和发展中国特色社会主义的基本方略之一，并指出"建设生态文明是中华民族永续发展的千年大计"。更重要的是，十九大报告还提出了生态文明建设的各项具体举措，不仅为新时代推进生态文明建设提供了实践依据，还深刻体现了中国坚持推进生态文明建设的决心和勇气。

二、生态文化的培育和深化

文化是一个民族和国家赖以生存发展的动力之源，中华民族在5000多年的历史中形成的优秀文化，为中国人民艰苦奋斗建设新中国提供了源源不断的精神支撑。我国生态文明建设取得重大成就的一条重要经验就是培育生态文化，在全社会营造良好的生态文化氛围，使生态文化融入民族精神、国家精神和时代精神之中。良好的生态文化是有效推进生态文明建设的灵魂支撑，是最根本、最稳定、最持久的支持，是潜移默化、时时刻刻发挥作用的关键因素。良好的生态文化是大众"自觉"践行生态理念、社会"自觉"践行生态法则的保障，"培育生态文化，能潜移默化地引导人们确立人与自然和谐发展的思维方式和价值理念，进一步促成人们在行为活动层面的积极改变，从而为我们推动生态文明建设，建设美丽中国，实现中华民族的永续发展提供源源不断的精神力量。"

思维方式和价值取向是文化的两大内核，培育和深化生态文化，一要培育和深化生态思维方式，要将生态深化为思维的中心要素、核心原则，成为我们思考社会一切问题的中心法则之一；二要培育和强化生态价值取向，突出生态在社会各因素、各方面中的核心地位，使其成为生产、生活的指针。培育生态文化需要解决两大问题，即生态文化的构成与生态素质的养成，前者回答了生态文化是什么的问题，后者回答了生态文化如何作用于社会成员的问题。我国在培育生态文化的过程中较好地解决了这两个问题，在社会中成功营造了和谐的生态文化氛围。一方面，在生态文化的构成上，我国生态文化首先汲取了中华优秀传统文化中的生态思想，如儒家的"天人合一"思想、道家的"道法自然"思想、佛家的"众生平等"思想。这些思想对"天"和"人"的关系也就是人与自然的关系作了比较深入的探讨，形成了早期的生态观，构成了生态文化的哲学基础与思想源泉。其次，我国的生态文化还借鉴吸收了西方优秀生态文化。"由于生态环境问题对不同文化、不同宗教、不同意识形态下的人们具有一种普遍价值，因而使得这个主题可以成为各种异质文化自由平等对话的最佳途径。"我国在吸收中华优秀传统文化中的生态主张和借鉴西方优秀生态思想的基础上，结合不断更新的时代背景，逐渐形成了发展着的中国特色社会主义生态文化。另一方面，在生态素质的养成上，通过生态文化的宣传教育，中国社会已经形成了浓厚的生态文化氛围。在这种环境下，我国公民逐渐树立了生态意识，养成了生态行为，体现在购物消费、交通出行、环境保护等方面，保护生态已经成为中国人的生活习惯。总之，培育生态文化，营造优良和谐的生态文化氛围既是进行生态文明建设的重要条件，也是我国生态文明建设的一条重要经验。

三、习近平生态文明思想

新时代，以习近平同志为核心的党中央提出了一系列新理念、新思路，将生态文明上升到具有全局性、整体性、系统性的发展理念层次，即绿色发展，成为生态文明在新时代发展的集中体现。习近平总书记在党的十八大以后提出了一系列生态文明的新思想新理念。一是"美丽中国"的思想。党的十八大报告明确指出，"要把生态文明建设放在突出地位，融入经济建设、政治建设、文化建设、社会建设各方面和全过程，努力建设美丽中国"，十九大报告把"美丽"明确为社会主义现代化的重要目标之一，"分两步，走在本世纪中叶建成富强民主文明和谐美丽的社会主义现代化强国"。二是"两山"思想。习近平同志早在2005年主政浙江时就提出了"两山"思想，即"绿水青山就是金山银山"，在党的十八大以后不断得到强化，在党的十九大报告中指出"必须树立和践行绿水青山就是金山银山的理念，坚持节约资源和保护环境的基本国策"。三是"保护生态环境就是保护生产力，改善生态环境就是发展生产力"思想。习近平总书记在 2013 年中央政治局第六次集体学习时指出并一再强调"保护生态环境就是保护生产力，改善生态环境就是发展生产力"，深刻揭示了生态环境与生产力的深度关联，"经济繁荣与环境保护一体二不"，保护和改善生态环境关系着"两个一百年"的奋斗目标能否实现和中华民族的永续发展。四是"山水林田湖草是生命共同体"的思想。2013 年，习近平总书记在关于《中共中央关于全面深化改革若干重大问题的决定》的说明中指出："山水林田湖是一个生命共同体，人的命脉在田，田的命脉在水，水的命脉在山，山的命脉在土，土的命脉在树。用途管制和生态修复必须遵循自然规律，如果种树的只管种树、治水的只管治水、护田的单纯护田，很容易顾此失彼，最终造成生态的系统性破坏。"要用整体观看待山水林田湖，要综合系统治理。五是"生态环境是最公平的公共产品"的思想。2013 年习近平总书记在海南省考察时指出："良好生态环境是最公平的公共产品，是最普惠的民生福祉"，深刻阐发了生态与民生的关联，良好的生态环境能够为人民提供无差别的洁净的空气、干净的水、良好的环境等公共产品，无论男女老幼、贫富贵贱、人种肤色都能公平地享有，是最公平的公共产品，是制约人民生活质量的最核心因素。习近平总书记这些丰富的生态文明思想分别从现代化的发展目标、生态与经济、生态与生产力、生态内部要素、生态与民生等不同角度全方位揭示了生态文明的重要地位和意义。生态文明成为事关全局、整体的事情，推进绿色发展成为"管全局、管根本、管方向、管长远"的事情，成为新时代的一大发展理念。在 2015 年 10 月召开的十八届五中二次全会上，习近平总书记鲜明提出了"创新、协调、绿色、开放、共享"的发展理念，并于 2018 年 3 月在十三届一次人大会上写入《宪法》。绿色发展成为国家发展的根本指南，生态文明上升为党和国家的意志。

四、石羊河流域水生态治理——我国第一个河流治理生态工程

石羊河发源于祁连山北麓，位于河西走廊东部。民勤县位于石羊河流域最下游。从地图上看，民勤像一个绿色楔子钉在巴丹吉林沙漠和腾格里沙漠之间，阻止着这两个分别为我国第三大和第四大沙漠的合拢。然而，来水锐减、水资源开发利用远超其承载能力等原因导致民勤生态急剧恶化。两大沙漠乘虚而入，以每年8—10米的速度吞噬绿洲。一度荒漠化面积已占全县面积的94.5%。位于民勤东北部的青土湖，历史上曾是一个水面达4000平方公里的大湖泊，也变成了连绵起伏的沙丘，一片荒芜。恶劣的环境迫使3万多人离开家乡。作为河西走廊的东大门，民勤生态的恶化直接威胁河西走廊的生态安全。

2001年7月，时任国务院副总理的温家宝在一份关于石羊河流域生态恶化的调查报告上批示："决不能让民勤成为第二个'罗布泊'。"此后6年，他持续关注石羊河流域综合治理和民勤防沙治沙，并就此作出批示和指示多达10余次。

甘肃省委、省政府对石羊河治理高度重视。从2002年起组织力量编制石羊河流域治理规划，还组建了由省长直接领导的石羊河流域管理委员会，并建立起地方行政首长责任制。专门成立了石羊河流域管理局，以加强流域水资源统一管理、科学调度与合理配置。相继出台了《石羊河流域水资源管理条例》《石羊河流域水资源分配方案及水量调度实施计划》和《关于加强石羊河流域地下水资源管理的通知》等一系列法规政策，还投入7700多万元先期开展流域综合治理。

2007年10月1日，温家宝总理亲赴民勤考察，再次强调"不能让民勤成为第二个罗布泊"，并提出了打好三套"组合拳"的流域综合治理战略思路。2007年年底，《石羊河流域重点治理规划》经国务院批复正式实施。这是党的十七大提出"生态文明建设"后，国家实施的第一个河流治理的生态工程。这标志着一场治理石羊河、抢救民勤、捍卫河西生态文明的战役全面打响。位于

重点治理区的武威市委、市政府专门成立了领导小组，把各项重点工作细化到部门，责任到人，并作为干部年终政绩考核的重要指标。当地干部群众对石羊河的治理具有极大的热情，修复生态、保护家园的理念深入人心。武威市政府出台了《关于水权制度改革的实施方案》《行业用水定额》和《节水型社会建设实施方案》等文件，本着以人定地、以地定水、以电控水、凭票供水的原则，依法将水权落实到户。

2013年2月5日，习近平总书记视察甘肃时强调，要实施好石羊河流域综合治理和防沙治沙生态恢复项目，确保民勤不成为"第二个罗布泊"。随后，武威市把石羊河流域生态环境保护作为重大政治任务、重要民生工程、重大发展问题，先后成立了生态环境保护委员会、河长制协调推进领导小组、石羊河全国示范河湖建设工作领导小组，实行市委、市政府主要同志任组长的"双组长"负责制，先后实施了石羊河国家湿地公园建设、生态连通输水工程等14项工程，总投资金额达10.76亿元。制定实施了《武威市黄河流域生态保护和高质量发展规划》，坚持近中远结合，推进实施生态保护及修复、污染防治、节水控水及水利工程、黄河文化传承保护、高质量发展等一批重大工程项目。持续抓好水源涵养林保护与修复，增加森林、草原、湿地面积，提升林草资源质量，巩固提升流域水源涵养功能。凉州区分别与天祝藏族自治县、古浪县、永昌县等邻近县（区）签订了《县区跨界河流联防联控合作协议》，还与民勤县签订了《石羊河流域上下游横向生态补偿协议》，建立健全生态补偿机制。

针对流域干旱脆弱的生态特性，石羊河水生态环境保护创新河流生态功能区划与治理模式，将石羊河划分为城市亲水宜居的生物多样性保护区、生态环境控制区、尾闾生态恢复区三个水生态功能区，创新性提出亲水宜居综合治理模式，分段施策，打造了"五河两库三湖"示范河湖长廊，建立了完善的管护机制，水资源管理规范严格，水环境质量明显提升，水生态环境有效修复，河湖保护观念深入人心。今日石羊河水清河畅、岸绿景美、政通人和，河流自然资源和人文资源有机串联。2021年，石羊河（武威段）以一方晴天、一潭碧水、生态宜居成功入选"全国美丽河湖优秀案例"提名案例。石羊河流域水生态治理实践为全国内陆干旱缺水区域的河湖管理与保护提供了珍贵样板，也为国家西部生态安全做出了贡献。

五、八步沙的绿色奇迹——习近平生态文明思想的生动实践

古浪县八步沙，地处腾格里沙漠南部。20 世纪 80 年代初，这里生态环境极度恶化，是古浪县最大的风沙口，沙魔从这里以每年 7.5 米的速度吞噬农田村庄，"一夜北风沙骑墙，早上起来驴上房"是八步沙最真实的写照。

1981 年，作为三北防护林前沿阵地，古浪县着手治理荒漠，对八步沙试行"政府补贴、个人承包，谁治理、谁拥有"的政策。为使农田庄稼不再受风沙侵蚀，古浪县土门镇台子村年逾半百的郭朝明、贺发林、石满、罗元奎、程海、张润元"六老汉"站出来，在承包合同书上按下手印、立下了种树治沙的誓言、也立下父死子继的誓约："我不在了儿子干，儿子不在了孙子干，每家都要有一个接班人！""树苗子人背上，毛驴车把草拉上"，以"吃在八步沙，住在八步沙，死了也要埋在八步沙"的坚韧和执着，在眼窝子沙开启了第一代治沙人的艰辛治沙征程。当时，他们中年龄最大的 62 岁，最小的也有 40 岁。

治沙，是人和沙漠的对峙，更是人和岁月的较量。40 多年来，"六老汉"三代人，与干旱和风沙顽强抗争。从第一代治沙人"一棵树、一把草，压住沙子防风"，到第二代治沙人创新应用"网格状双眉式"沙障结构，实行造林管护网格化管理，再到第三代治沙人全面尝试"打草方格、细水滴灌、地膜覆盖"等新技术从防沙治沙、植树造林到培育沙产业、发展生态经济，创出了一条"以农促林、以副养林、农林并举、科学发展"的生存发展之路，先后在八步沙、黑岗沙以及北部沙区完成治沙造林 30.63 万亩……在不毛之地的腾格里沙漠建起了绿色防沙带和绿色产业带，实现了沙漠变绿洲、绿洲变金山的转变。从流沙遍地到绿色长廊，从林草植被覆盖率由治理前的不足 3% 到现在的 70%，形成了一条南北长 10 公里、东西宽 8 公里的防风固沙绿色长

廊，确保了干武铁路及省道和西气东输、西油东送等国家能源建设大动脉的畅通。

八步沙从荒漠到林海的蜕变，有力印证了"绿水青山就是金山银山"绿色发展理念，生动诠释了习近平生态文明思想，更成为提升中国特色社会主义生态文明理念的有效载体。2019年8月21日，习近平总书记视察甘肃古浪八步沙林场，实地了解察看了林场治沙造林和生态保护具体情况，作出了继续发扬"六老汉"当代愚公精神的重要指示。习近平总书记强调，要继续发扬八步沙"六老汉"困难面前不低头、敢把沙漠变绿洲的当代愚公精神，再接再厉、久久为功，让绿色长城坚不可摧。

"成事之基，久久为功。"以八步沙林场"六老汉"三代人为代表的武威治沙人，矢志不渝、拼搏奉献，科学治沙、绿色发展，秉承"困难面前不低头、敢把沙漠变绿洲"的精神，一代代扎根大漠，持续创新治沙技术，用实际行动诠释人与自然是生命共同体，用实际行动敬畏自然、尊重自然，用刻苦坚守践行顺应自然、保护自然，用矢志不渝的韧劲儿在生态文明建设的道路上奋勇前行，创造了从茫茫黄沙到万亩绿林的人间奇迹，让河西走廊披上绿装。

截至目前，八步沙、黑岗沙以及北部沙区完成治沙造林28.7万亩，管护封沙育林草面积43万亩，栽植各类沙生苗木6000多万株，花卉、风景苗木800多万株，埋压稻草3万多吨，播撒草籽3万多公斤，修筑治沙道路100多公里，完成省道308线、316线，干武铁路、营双高速等通道绿化200多公里，栽植各类苗木500多万株。众多植被保护着周边3个乡镇近10万亩农田，古浪县整个风沙线后退了15公里至20公里。河西走廊北部风沙前沿地带建成长达1200多公里、面积460多万亩的防风固沙林（带），470余处风沙口得到治理，1400多个村庄免遭流沙危害。八步沙"六老汉"被中共中央宣传部授予"时代楷模""最美奋斗者"荣誉称号；八步沙林场成为全国"绿水青山就是金山银山"实践创新基地。八步沙"六老汉"治沙纪念馆以"绿之梦"为纬线，以历史变迁为经线，向世人诉说八步沙六老汉"遗梦·寻梦·追梦·筑梦·圆梦"的感人事迹。

今天的八步沙，山岳染绿、雁阵轻翔，环林路平坦宽敞，柠条、花棒、红柳、大蓟等沙生植物簇拥依偎……这片生机盎然的绿色海洋是传奇、是意志、更是信仰。

为了深入贯彻党的二十大精神，扎实践行习近平生态文明思想，号召武威全市人民继续弘扬八步沙"六老汉"新时代愚公精神，加快推进生态文明建设，2023 年 8 月 3 日，中共武威市委发布《关于进一步加强生态文明建设的实施意见》，意见以筑牢国家西部重要生态安全屏障为总目标，以推进山水林田湖草沙冰一体化保护和系统治理为总方向，以落实黄河国家战略、主体功能区战略、"双碳"战略、"三北"工程战略为总牵引，以实施重要生态系统保护和修复重大工程为总抓手，准确把握高质量发展和高水平保护、重点攻坚和协同治理、自然恢复和人工修复、外部约束和内生动力、"双碳"承诺和自主行动"五个重大关系"，坚决守牢"确保民勤不成为第二个罗布泊"这个底线性任务，有效统筹产业转型、污染治理、生态保护，协同推进降碳、减污、扩绿、增长，切实加强治沙、治水、治山全要素协调和管理，全面拓宽"绿水青山转化金山银山"的路径，不断提升生态环境治理体系和治理能力现代化水平，加快建设人与自然和谐共生的美好家园，以高品质生态环境支撑高质量发展，力争到 2035 年，武威市生态文明建设全面深化，绿色低碳生产生活方式广泛形成，生态环境质量根本好转，生态系统多样性、持续性、稳定性显著提升，资源利用水平大幅提高，绿色发展的质量和效益明显提升，生态环境治理能力和治理体系现代化水平大幅提高，努力将武威市建设成为践行习近平生态文明思想模范区、绿色发展崛起示范区和生态脆弱区生态安全屏障建设样板区。

彼时，天蓝云白、山青水碧、人与自然和谐共生的美丽新武威将全方位呈现。

第四节　生态共同体视域下河西走廊多元协同生态治理

一、生态共同体的出场背景

20 世纪 60 年代中期，美国学者卡逊在她的名著《寂静的春天》中向世人宣称全球正在面临生态危机的威胁，号召人类保护日益衰竭的地球。此后，《增长的极限》《我们只有一个地球》《自然的终结》等一些颇具影响力的作品相继问世，它们都表达一个相同的主题，那就是保护地球，呵护人类共有的绿色家园。全球性蔓延的生态危机已成为不争的事实，20 世纪震惊世界的"全球八大公害事件"至今让人心有余悸，2011 年日本福岛核电站泄漏事故……生态危机的危害已涵盖大气、河流、土地等生态系统诸多领域，整个生态系统出现了严重紊乱，维系生态平衡的固有生态法则破坏殆尽，生物体不能依照正常的生态序列繁衍生存而发生变质，生态系统各成员之间和睦共生的依存关系发生根本倒置，相互倾轧和剥夺生存空间，生态系统质变为竞逐资源与生存权益的角斗场，这不仅意味着稳定有序的自然生态系统面临崩溃的境地，而且更重要的是作为人类社会生生不息的根脉，一旦惨遭破坏将直接威胁人类文明。

全球生态危机背景下，生态共同体以绿色发展为初始逻辑、以生态可持续发展为内在价值目标应运出场。生态共同体是指在有机互动的生态系统内各个生命体之间相互依赖，彼此互生共栖的一种生存样态，表征了物种之间和谐共生的至美境界。纵观生态共同体演进历史可以发现，生态共同体先后经历了自然共同体、社会共同体和生态共同体的运演过程，每一种共同体形态都以别具风格的人地关系展现了人类文明奋进的生态足迹。在自然共同体中，自然界保持着固有的灵性与神秘，人类对自然持敬畏之心，人与自然在原始本真的自然之境和谐共存。生态共同体汲取了马克思关于人与自然和谐的思想，又与过程哲学中宇宙之间环环相扣的有机整体思想密切相关，还汲取了中国优秀传统文化中"天人合一"的生态智慧，如此雄厚的理论基础赋予了生态共同体宏阔的认知视域和思维视野，这使得生态共同体在遏制生态危机的时代困境中更富感召力和现实引领力。

河西走廊的生态环境并非自古如此，而今肆虐的生态问题是因为历史上不合理地开发利用资源而导致的，甚至在今天这种人地冲突与对立依然没有得到根治。伴随着人口的膨胀和竭泽而渔的发展方式，生态问题愈演愈烈，这对于本来生态禀赋并不优越的河西走廊无疑是致命的，不仅无益于该地区人与资源、社会的可持续发展，而且积重难返直接影响"丝绸之路经济带"持续稳定发展。生态共同体有机整体主义的思维视域和认知视野给河西走廊生态治理注入了新的活力，克服了生态治理中的种种痹症，将人的全面发展、社会的繁荣持续以及资源的保护利用统一于密不可分的生态共同体中。河西走廊多元协同的生态治理将人与自然的和谐共生作为实践指向，秉持有机整体主义的统合理念、人与自然互不相胜的共生理念和可持续性的新发展理念，通过创新发展、协调发展、绿色发展、开放发展和共享发展的生态治理实践，整合了生态文化资源，推动了河西走廊生态文明建设，为域内人民美好的生活、诗意的栖居奠定了良好的环境基础。

二、生态共同体视域下民勤治沙实践

民勤县地处河西走廊东北部、石羊河流域下游，东西北三面被腾格里和巴丹吉林两大沙漠包围。全县总面积 1.59 万平方公里，荒漠化和沙化面积占88.18%，处于国家"两屏三带"生态安全战略格局中"北方防沙带"的中心，是河西走廊乃至西北地区生态安全的重要屏障，生态区位特殊。

1950 年春天，民勤县拉开了抗击风沙的帷幕。70 多年来，民勤人民坚持不懈与风沙抗争，开展了大规模的压沙造林行动。历届县委、县政府带领一代又一代民勤人持之以恒战风斗沙，走过了 20 世纪六七十年代的"因害设防"、

20世纪八九十年代的"工程治理"、21世纪初期的"综合治理"之路,近年步入"山水林田湖草系统治理"新阶段。在长期的探索和实践中,民勤积累了丰富的防沙治沙经验,逐步构建了"外围封育、边缘治理、内部发展"的生态格局,锻造形成了"勤朴坚韧、众志成城、筑牢屏障、永保绿洲"的民勤防沙治沙精神。

"三北"工程实施以来,民勤县按照"绿洲外围封禁保护、沿沙区域治沙造林、绿洲内部综合治理"的思路,不断创新政策措施、技术模式和管理机制,持续开展大规模压沙造林和国土绿化行动,坚持系统治理、规模推进,稳步建立了"阻、固、封"相结合的防沙阻沙防护林带,全力构筑绿洲生态安全屏障。民勤县强化科技支撑,积极与中国林科院、甘肃省治沙研究所等科研单位进行技术交流与合作,大力推广"草方格沙障+落水栽植沙生植物""工程固沙+退化林修复"等治理模式,在青土湖、老虎口等区域建成防沙治沙示范区9个。在积极开展大规模义务压沙造林的同时,民勤县不断探索创新治沙造林多元投入机制,培育发展"互联网+"、众筹治沙、义务认领治沙等公益治沙平台,建立"四方墩"和"飞蚂蚁"等公益林基地26个,吸引全国各地志愿者义务治沙造林10万亩,石羊河国家湿地公园荣获首批全国"互联网+全民义务植树"基地称号,民勤成为全国重要的防沙治沙宣传教育基地。

截至目前,民勤县人工造林保存面积达到230万亩以上,其中压沙造林103万亩以上。封育天然沙生植被325万亩以上,在408公里的风沙线上建成长达300多公里的防护林带,全县森林覆盖率由20世纪50年代的3%提高到现在的18.28%,荒漠化土地占比由90.34%下降到88.18%。青土湖、老虎口、龙王庙、西大河等风沙口得到有效治理,全县长期存在的生态恶化趋势得到有效遏制。从水草丰茂的石羊河国家湿地公园到水天一色的红崖山水库,从绿意盎然的沙漠生态林基地到碧波重现的青土湖,如今的民勤绿洲草木葱茏、满目翠绿,先后被国家发改委等11个部委列为生态保护与建设示范区。

民勤防沙治沙先后走过了"因害设防、被动治沙"的起步阶段、"全民参与、主动治沙"的探索阶段及"多元投入、综合治沙"的稳定发展阶段。如今，民勤坚持宜林则林、宜灌则灌、宜草则草、宜荒则荒的总原则，统筹山水林田湖草沙综合治理、系统治理、源头治理，充分考虑降水、地表水、地下水等水资源的时空分布和承载能力，科学营造荒漠地区林草植被，防沙治沙迈向"和谐共生、系统治理"的高质量发展阶段。

防沙治沙是一个滚石上山的过程，稍有放松就会出现反复，必须持续抓好这项工作。2023年6月初，习近平总书记在主持召开加强荒漠化综合防治和推进"三北"等重点生态工程建设座谈会上指出："加强荒漠化综合防治，深入推进'三北'等重点生态工程建设，事关我国生态安全、事关强国建设、事关中华民族永续发展，是一项功在当代、利在千秋的崇高事业。"习近平总书记强调，要全力打好河西走廊—塔克拉玛干沙漠边缘阻击战，全面抓好祁连山、天山、阿尔泰山、贺兰山、六盘山等区域天然林草植被的封育封禁保护，加强退化林和退化草原修复，确保沙源不扩散。河西走廊—塔克拉玛干沙漠边缘阻击战片区涉及甘肃、内蒙古自治区、青海、新疆维吾尔自治区4省（区）82个及新疆生产建设兵团60个团（场）。区域内沙漠、戈壁广布，主要分布有塔克拉玛干、巴丹吉林、腾格里。打赢阻击战，对推进新时代防沙治沙高质量发展具有决定性意义。

2023年9月23日，民勤昌宁西沙窝项目启动实施，这标志着河西走廊—塔克拉玛干沙漠边缘阻击战正式打响。阻击战以"防风、阻沙、控尘"为治理目标，聚焦"风、沙、尘"的源区和路径区，在重点风沙口、流沙入侵地、绿洲防护缺口等重点区域，部署实施14个重点项目，层层设防、步步为营，构筑起点线面结合、多廊多屏交织、防治用全链条阻击的主体框架，打造"一带一路"干旱区荒漠化防治示范样板。民勤谋划实施昌宁西沙窝生态治理、青土湖一体化保护和修复治理、绿洲锁边防护林带建设等"三北"六期子项目。

第六章

鉴往识今，建设现代化新河西

国家振兴"丝绸之路经济带"的伟大战略重新赋予了河西走廊承载东西方文明交融发展的使命，河西地区应以新的发展理念和治理思维拓展生态治理的认知视域，秉持生态共同体价值取向，义无反顾地承担起维护国家生态安全的责任使命，以"生态兴、文明兴"的理念建设现代化新河西。

第一节　河西走廊生态治理价值取向转变

人与自然本质上是和谐共生的关系，这种共生关系决定了生态治理是以人为本的综合性整治，是通过对人性至善的本真回归达成人与自然美美与共的实践超越。生态治理的价值取向关涉人对自然的态度，而人类对自然界的态度是由社会文化的发展进程所决定的。从《易传》中的"天地之大德曰生"到庄子"不以好恶内伤其身，常因自然而不益生也"，从《四书集注》中的"唯上下一于恭敬，则天地自位，万物自育，气无不和，而四灵毕至矣"到习近平总书记调的中华民族历来主张"民胞物与、协和万邦、天下大同"的美好世界，无不彰显"天人合一"的生态自然观是人与自然关系中最重要的思想；从《国语·鲁语》记载的"及九州名山川泽，所以出财用也"，到盛唐时期民间"天下称富庶者无如陇右"的感慨，再到习近平总书记强调的"绿水青山就是金山银山"，都是在昭示人们：良好的生态环境具有无形的、潜力无限的经济价值。

21 世纪"丝绸之路经济带"战略的提出给河西走廊发展带来了新的机遇，对河西走廊经济发展水平和发展方式提出了更高的要求。因此，河西走廊生态治理的成效好坏不仅关系到当前生态问题是否得到妥善解决、是否能缓解人与自然尖锐的冲突与对峙，而且关系到河西走廊生态文明建设能否顺利推进等根本性问题。河西走廊生态治理须重塑以呵护生态共同体共同福祉为实践旨归的多元价值取向，把生态环境视为一种重要的生产力，将生态自然资源的经济价值与社会的可持续发展结合起来，将促进人与自然和谐共生作为实践起点和价值归宿，让中华优秀传统生态文化焕发时代魅力。

一、河西走廊传统牧业社会维持"生境"平衡的价值观念

不同的社会形态、生产方式造就与之相适应的价值观念体系。传统牧业社会生计方式以"游"和"牧"为主要特征，形成"草—畜—人"有机循环系统，系统中包含了维持运转的社会组织制度和丰富的文化价值观念。河西走廊南部有水草肥美的祁连山草原，北部合黎诸山一带又有平坦无垠的沙碛草原，加上农区的小块草场，约9万多平方千米广阔的天然牧场，占河西走廊全区面积的35%。这些区域的各民族群众在特殊生存境遇中承袭了传统牧业生计方式，在长期调节自我与草场、牲畜三者之间关系的过程中，形成维系"生境"平衡的独特价值观念。这种生成于人与自然有机循环互动之中的价值观念涵盖宇宙观、生命观、自然观、社会观、经济观等多种类型，与生态有较强的"亲和性"。

河西走廊传统牧业社会基础层价值观念包括自然观、社会观、经济观等，其中最重要的是自然观。自然观是人们对人与自然关系的基本态度，作为价值观念中间层，连接了核心层的宇宙观、生命观和基础层的社会观、经济观。传统自然观受"万物有灵"之宇宙观和"天父地母"之生命观的统率与制约，认为人与生活在自然界中其他生命体地位平等，形异质同，因而要敬畏自然，保护自然。普遍留存祭天仪式，"天"对于牧业社会成员来说是至高无上的神，也是自然和宇宙的规律，代表其精神世界中宇宙观的等级结构。生命观是关于生命从何处来、向何处去的认识。不同民族的生命观有不同指向，但其总体与核心层的宇宙观、基础层的自然观密切关联。牧民一般认为大自然是赋予人和动植物生命的本源，没有大自然的孕育就没有生命的存在。牧业社会中很多民族有"天父地母"观，认为父为天，地为母，子为骏马，把"苍天"当作赋予自然界生命的"父亲"，把"大地"视为人类"母亲"。大地不仅是生命孕育载体，还包容所有生命存在形式，没有大地，生命则无处所。

河西走廊牧民多生活于野生动植物资源丰富区域，普遍拥有"神山圣湖"的观念，在固定区域严禁狩猎、采药、开垦，在水源处忌洗涤、沐浴，避免污染，否则会遭到"报应"。禁止随意猎杀野生动物，尤其是罕见、奇异动物，认为那是某"山神"的家畜或是灵魂的寄托。传统狩猎生产有季节之分，不打幼崽，只打公的和跑得慢的，注重优胜劣汰。另外，生计方式决定了牧民群体具有高度流动性，所以只占有最简单的生产生活资料，以及方便实用的交通工具，对自然资源的索取也降至最低。同时仅与外界保持简单的交换关系，经济系统相对封闭，物质消费观念相对淡薄。直至今天，牧民依然以存栏牛羊数量作为财富的标志。

二、河西走廊传统牧业社会的现代转型与价值观念变迁

推动牧业社会转型的牧民定居被认为是实现畜牧业生产现代化、摆脱牧区贫困面貌的重要举措。20 世纪 90 年代，河西走廊开始推进牧民定居工程。进入 21 世纪，特别是近十多年来，国家主导的生态文明建设逐渐深入，草原生态保护工程中的禁牧、休牧和轮牧等，加速引导牧民离开牧区进入城镇定居，以实现草原生态恢复和提升牧民物质生活水平的目的。定居带来传统牧业社会生产生活方式的深度变化，产业结构由单一牧业向牧农工商多元产业转变，"草—畜—人"有机循环系统被逐渐消解，牧区社会、经济、文化、资源、劳动力等要素重新组合，传统牧业社会价值观念体系也发生变迁。人与自然"质同形异"的自然观开始松动，在现实利益驱动下，牧民不自觉地将自然工具化，自然万物成为熟悉而又陌生的"他者"，人与自然之间变成"利用"与"被利用"的关系。传统自然观强调保护基础上的合理利用，"取之有度，用之有节"，而在社会转型时期，牲畜、草场、水源等成为单一获利资源。伴随技术主义的发展，牧民对各种新技术手段高度依赖，通过不断增加牲畜数量，换取单位经济高产出。草原的生产功能被日益强化，流转也从无价到有价，"家园"观念逐渐模糊。高投入的现代牧业为牧民带来极大便利和高效益回报，对推动地方经济社会发展具有积极意义，但同时原有的人与环境的关系被改变，传统文化结构被消解，新的人地关系还未形成，本土生态知识在外部工商资本的刺激下被悬置起来。人与自然的共生关系被卷入现代化浪潮，传统的集体意识失去作用场域。

毫无疑问，随着时代发展与技术进步，牧业社会价值观念变迁是客观趋势和必然进程。畜牧业是河西走廊民族地区非常重要的经济生产方式，畜牧业现代化转型升级，同时也催生了新形态的文化系统和复合型生计方式。这一过程对身在其中的群体而言，或许是必须面对的社会"阵痛"，但从更宏观的社会发展视角来看，则有利于形成更高、更广层面的文化认同，使传统价值观念同时趋向理性、多元和主流，契合社会转型要求。同时，还需要清晰地认识到，在当下社会转型过程中，新的价值观念体系尚未完全成熟，具有较高的脆弱性和不稳定性。传统文化织就的"有意义的网"依然存在。价值观念体系不仅仅是社会转型的结果，亦是社会转型的推动力量。价值观念变迁也并非从"传统"到"现代"的二元单向线性发展模式，"传统价值观念"与"现代价值观念"可能并存于转型社会中，甚至"现代价值观念"亦有可能回归"传统价值观念"。新时代在祁连山国家公园建设框架下，合理引导牧业社会价值观念系统良性变迁，传承、保护与发展"活着的"传统牧业文化生计形态，推动社会向善治、可持续方向发展是应然之举。

第二节　祁连山国家公园建设契机下
河西走廊传统牧业文化保护区建设

面对生态环境的持续恶化，河西走廊特有的多民族多样化生态文化区、极具历史考古价值的人文景观和连接内地的功能将有可能减弱。从自然条件上看，河西走廊除了河流中游绿洲以外，在广阔的高山草场、草甸草场以及河流下游湿地、荒漠半荒漠戈壁、沙漠等区域中，游牧是利用自然资源的最佳方式，对环境的扰动也是最小的，所以河西走廊发展畜牧业生产的时间起始早、历史长。任何时代都有符合其历史条件的生态思想，任何民族和群体都有自己的生态知识系统，不同地域的人们都在自己的生态知识系统中"诗意的栖居"。河西走廊的游牧民族，在千百年来的生产生活实践中，形成了一整套人与自然共荣共生的生态观念和地方性生态智慧系统，这是一个庞大而丰富的系统，是实践、信仰和知识的复合体，其拥有者认为人与自然融为一体，自然是"家园"而不是"野外"。

一、河西走廊传统牧业文化中的地方性生态知识

地方性生态知识是指人们在某种环境中与环境长期互动后获得一定经验，经验知识经由认知系统的判断、积累和加工而形成的知识体系，并且在传承和传播中得到固定的、有多个面向的知识系统。

（一）思想观念中的生态认知

原始宗教中的自然崇拜在河西走廊广泛存在，规定了人们须对山水草木心怀敬畏，对世间万物给予尊重，视人与自然为一体。山川河流、草地湖泊是包容万象的生命之源。这些思想构成了传统牧业生产中各民族生态知识的核心基

础，通过在生产、生活中的贯彻实践，形成了群体的规范与记忆。

河西走廊处在欧亚草原带的边缘，在欧亚草原上生活的人群在公元前1000年确立了以游牧方式为主的生计模式，并在"游牧"生计的基础上发展出一种适应确定环境的新的生计模式——轮牧及"天—地—水—草场—牲畜—人"这样一整套特殊的生态系统。在轮牧制度框架下，河西走廊各民族逐渐形成对环境资源更加具体、系统的生态认知。比如北方游牧民族的"天神"崇拜、对水的敬畏、还包括对冰川、雪山的态度。

（二）生产生活中的生态技术

河西走廊各民族地方性生态知识中的生态技术，可以分为生产技术和生活技术。因为生计方式的特性，这两者大多数时候是融合在一起的。包括对气候、天气的预判与把握，对山川河流、地形地貌的了解与利用，对草场的季节性使用与养护，对牲畜习性的掌握与危急情况中的处理技术，生产生活中保证自身所需资源并形成循环利用模式等。世世代代与大自然共融共生的河西走廊传统牧业生产中，并没有"生态""科学"等话语体系，但他们的地方性生态知识却维系了生态的动态平衡。例如产生于传统牧业生产中的四季轮牧制度，并没有十分具体的迁移日期，经验丰富的牧民根据牧草的生长情况和当季雨雪水量的多少判断转场时间、牲畜出栏的时间和数量。根据不同生态条件进行生产节律的调整，具有一定的弹性和伸缩度，这是地方性生态知识的重要优势所在。比如肃南裕固族民间俗语"夏放高山秋放川，冬放低山春放滩"就是牧民们通过长期的生产实践所积累的四季牧场轮牧经验，这种依据季节变化与地貌多样性特点，对时间和空间两个维度的掌握和利用，使草场得以循环利用和休养生息。哈萨克族牧民有"春季接羔、夏抓肉膘、秋抓油膘、冬季保畜"的放牧规律。蒙古族有设计和实施均比较严密的轮牧制度。不仅仅是季节性的转场轮牧，就是每日固定的出牧路线，也会基于对天气、牧草等条件的经验掌握进行微调。裕固族有一套约定俗成的狩猎法则和禁忌，打猎有季节，不能打幼崽，只打公的和跑得慢的，要挑着打。就连河西走廊牧业生产区域内存在的狼毒、棘豆等有毒植物，其分布密度也成为草场生态状况的标志之一。

相比科技发展迅速的现代社会，传统牧业社会在很长的历史时期中是低消耗、污染少的典型代表，其原因正是在长时间与自然互动的过程中，无论生产还是日常生活，均已形成一整套绿色循环资源利用技术系统，充分凸显了地方性知识对环境条件的响应与契合。

（三）语言和口传文化中的生态表达

河西走廊各民族在历史中积累的传统生态知识可以从其语言系统中直接得到反映，各民族在漫长的游牧生产生活中以诗歌、音乐等口头传承形式，将自己的生产、生活经验与知识代代相传，口传文化体现了民族群体的精神世界，而地方性生态知识是其中的重要内容。

裕固语中对草原上的每一种生灵都有自己语言的称谓。在民族语言中蕴含大量关于畜牧业生产经验的内容。比如关于"五畜"的口传文化。无论山区或平原，马都是河西走廊传统牧业"五畜"之首，因而衍生出许多关于马的谚语。如"头马不慌，马群不乱""好牛不站，好马不卧""青马用不着问口，包屁股用不着问走"等；牧民对草原的气候和天气变化了如指掌，由此，各种充满生态经验与智慧的谚语也应运而生，如"月亮戴帽起大风，石头出汗有大雨""山顶上戴了帽，必有大雨到""惊蛰寒，寒半年""驴盼清明马盼夏，老牛盼的是四月八"等。

在北方游牧民族的传统民间文学作品中，动植物往往具有强大的佑护力量，帮助孱弱无力的人类面对大自然。裕固族的很多民间神话故事也常常描述人类在鸟的帮助下摆脱灾难，走向重生的情节。除了文学作品，裕固族还有不食"尖嘴圆蹄"的饮食禁忌。"尖嘴"统指禽类，"圆蹄"主要指马、驴等在生产中发挥重要作用的家畜，这些家畜在传统牧业生活中占有举足轻重的地位。家畜不但是人们赖以生存的生产生活资料，也是充满智慧和灵性的生物。直到今天，河西走廊的牧业生产中依然还遗存在畜群中选出神马、神牛、神羊拴上红色布条，作为整个畜群的神性代表，不允许杀以食之。这些都说明了原始信仰在传统牧业社会文化中根深蒂固。

二、河西走廊地方性生态知识在当下的价值与发展

河西走廊各民族在长期与自然互动的传统牧业生产中形成了以"轮牧"为基本模式和框架的地方性生态知识系统，有节制地开发利用资源，将自然资源的利用和保护、索取与再生相结合，形成"草—畜—人"有机循环系统，以生态观念、生态技术和生态表达等方式存在。

河西走廊的地方性生态知识有两方面的特点。第一，所有的认知与技能都体现在一个连续的生产、生活场景中，体现在与生产生活相关的所有活动的联系上，包括每一个人的生老病死、每一个家庭的婚丧嫁娶、每一个群体的繁衍发展中。每个独特生境中各民族群体的生产方式以及与之相关的文化习俗都历经数世纪才实现了内部平衡，同时与外部条件相适应，最终成为一个系统的组成部分。第二，河西走廊的地方性生态知识是一个开放的系统。各民族牧民在近 20 年中，使用传统的方法，持续但稳定地推进畜种改良，不断有更优质的畜种进入各地原有的畜种结构，形成走廊内东西南北不同环境条件下最优化的畜种分布。各民族牧民都表示"每家每户的草场可以养的羊是有数的，这个规矩是老一辈人传下的"；牧民们也许不了解"载畜量"这样的专业名词，但他们对自己草场的草质和面积了如指掌，如同我们了解自己的身体。这体现了他们长期以来以历史积淀的民族智慧践行着对草原的保护。

有多学科专家的研究团队对河西走廊禁牧过程与效果共同展开研究。发现适当的禁牧有助于恢复草原生态。河西走廊西部阿克塞哈萨克族自治县内苏干湖附近的草场，生态基础较好，经过 5 年禁牧期，已经呈现出很好的生态恢复效果。不同区域需要因地制宜，完全拒绝人畜干预，并不是解决现阶段生态问题的根本之策，只有适量放牧，且进行轮牧，天然草场才能越利用越繁茂。所有生态系统都有平衡性的要求，在一个区域内，各类物种数量维持在一个合适

的比例，将会达成生态学意义上的共生平衡。改革开放以来，传统牧业社会与外部世界互动持续增强，牧业社会形态随之发生巨大变化。牧业社会转型是客观趋势和必然进程，也是推动牧业生产方式由传统走向现代的积极力量。在牧业社会转型中，需要生态知识体系的不断完善给予支撑。现代科学知识与地方性生态知识应该是唇齿相依的关系，生态的平衡，需要借助不同知识体系的力量。

三、河西走廊传统牧业文化保护区建设

2017 年以来，祁连山国家公园的建设标志着河西走廊生态文明建设进入全新阶段。中共中央办公厅、国务院办公厅印发《建立国家公园体制总体方案》指出，建立国家公园的目的是保护自然生态系统的原真性、完整性。而原真性、完整性的自然生态系统中，包括人与动植物等多样性物种的共生共存，也包括适宜当地生态系统的特定生计方式的合理运行，还包括人与自然互动过程中文化伦理的生成实践。

经过几千年的累积和沉淀而形成的牧民、轮牧的传统牧业生产生活方式及其整个牧业文化系统是祁连山国家公园内的特殊资源，在现代社会中依然有重要价值。河西走廊对于世代生活在这里的各民族而言已远不是简单的自然空间，而是承载着民族的历史、群体的记忆的文化空间和心理空间，是民众愿意守护的精神家园。传统牧业文化保护有利于维护生态平衡，促进生态系统良性循环，牧业文化保护和推广也成为发展现代化农业的必经之路。此外，将传统牧业文化与旅游业、农业、养殖业相结合可以有效带动休闲旅游农业的发展，有利于提高牧业生产的组织化和商品化程度，也有利于提高牧业的比较收益和农民收入。

在祁连山国家公园框架下选择适当区域建立河西走廊传统牧业文化保护区，以自然生态和人文生态为保护对象，以"在保护中创新发展、在发展中加强保护"为宗旨对河西走廊传统牧业文化加以保护，保留"活着的"传统牧业

文化生计形态，推动其传承、保护与发展，或许是贯彻"人与自然和谐共生"理念、引导地方性生态知识对接现代科学技术系统，以牧业发展可持续性和文化多样性保持实现生态文明的一条路径。

在全球化背景下、中国式现代化进程中，文化生态保护实验区致力于实现文化与生态环境、社会经济的协调和可持续发展。2007 年，文化部正式设立了我国首个国家级文化生态保护实验区—闽南文化生态保护实验区。至 2023 年 8 月，我国共设立国家级文化生态保护区 16 个，国家级文化生态保护实验区 7 个，涉及省份 17 个。文化生态保护区以文化与自然的有机结合展现人类生产、生存方式与自然和谐相处，体现乡村社会及各族群所拥有的多样的生存智慧，在保护区内，文化生态系统是文化与价值观念、意识形态、经济形式、社会组织、自然环境等构成的相互作用的完整体系，具有动态性、开放性及整体性的特点。文化生态保护区是生态变迁中维持文化生态相对稳定、传承文化遗产的有益探索。在社会经济发展、城市化建设、施政理念变迁及消费文化盛行的语境中，无论是生态整体，还是文化整体，都不是静态、没有变化的，因此完成这样的探索，并非一朝一夕可以成功的，亦非单一力量即可完成，需要理论智慧、施政理念、经济物资和保护区民众合力完成。

河西走廊传统牧业文化保护区建设中，要营造可持续传承的传统牧业文化氛围，要强调不离本地和乡土大众、注重文化的原地存活状态。要强调优秀传统和现代文明的结合，注重发展经济、消除贫困。要强调文化、生态的多样性保护，注重社会、经济、文化的和谐与可持续发展。要强调激发保护区民众的自发自觉意识，注重专家引导和政府领导下的民众主导原则，积极动员和鼓励能保护区民众自行管理、自行运作、创新发展。

第三节 河西国家防沙治沙综合示范区建设

河西走廊地处青藏高原生态屏障区、黄河重点生态区、北方防沙带的重要交会地带，境内蕴含着山地—绿洲—荒漠复合生态系统，北依巴丹吉林沙漠，东北临腾格里沙漠，西靠库姆塔格沙漠，石羊河、黑河、疏勒河流域绿洲阻挡着三大沙漠的合拢和前移，是甘肃省乃至全国防沙治沙阵地战的核心区。河西走廊也是国家"两屏三带"极其重要的组成部分，是国家西部生态安全屏障建设的枢纽区域和丝绸之路经济带的生态敏感区。

在河西走廊创建国家防沙治沙综合示范区，做好该区域的荒漠化和土地沙化防治工作，是甘肃省应对荒漠化严峻形势的迫切需要。不仅对维护西北地区乃至全国生态安全具有重要意义，还可为丝绸之路经济带沿线国家探索走出一条荒漠化防治的甘肃范例，助推绿色丝绸之路建设。

全国荒漠化和沙化土地监测结果显示，河西走廊荒漠化土地面积 1694.08 万公顷，占河西走廊土地总面积的 77.07%，沙化土地面积 1192.2 万公顷，占到土地总面积的 43.35%。尽管经过多年的持续治理，河西走廊极重度荒漠化和沙化土地面积总体上有所减少，但轻度荒漠化和沙化面积却在逐步增加，有明显沙化趋势的土地 143.55 万公顷，防治任务仍然十分艰巨。同时，河西走廊风沙线长达 1720 千米，风沙沿线共有风沙口 846 处，有 700 个村镇和 30% 的农户处在风沙线上，一般地区沙丘平均每年前移 3—4 米，民勤湖区、武威东沙窝和玉门、金塔等地沙丘每年前移高达 8—10 米。风沙线长且风沙口数量多、沙丘移动速度快等导致防沙治沙的形势十分严峻。

基于河西走廊特殊的生态地位及日益严峻的荒漠化防治形势，21 世纪初，国家和甘肃省将河西走廊防沙治沙作为重要工作来抓，陆续将武威、酒泉、张掖列为国家防沙治沙综合示范区，将民勤、敦煌、山丹、永昌、临泽等县市列为县级防沙治沙综合示范区，通过加快防风固沙林建设、加大沙产业开发利用、推广普及防沙治沙先进技术等综合措施，推动防沙治沙工作深入开展，取得一定成效。

一、河西走廊防沙治沙工作成效

一是荒漠化与沙化土地面积出现"双缩减"。经过综合治理，河西走廊荒漠化和沙化土地状况明显好转，呈现出"整体遏制，持续缩减"的良好态势。"十三五"期间，荒漠化土地面积由 1707.52 万公顷减少到 1694.08 万公顷，年均减少 2.69 万公顷；沙化土地面积由 1199.04 万公顷减少到 1192.20 万公顷，年均减少 1.37 万公顷。

二是植被覆盖度逐步提高。"十三五"期间，河西走廊完成压沙面积 69.85 万公顷、人工造林 27.19 万公顷、封沙育林育草 40.78 万公顷、退耕还林（草）4.02 万公顷、沙化草原治理 7.90 万公顷、退化草地人工种草 3.77 万公顷，在北部风沙前沿地带建成长 1200 多公里、面积 460 多万亩的防风固沙林（带），470 余处风沙口得到治理，形成"带、片、网""点、线、面""乔、灌、草"相结合的防护林体系。造林成活率提高了 29.0%，造林保存率达到 87.0%。河西走廊植被盖度小于 10% 的面积 5 年减少 18.3 万亩。受人工治沙造林措施影响，河西走廊年均气温、年均风速都有不同程度的降低。

三是生态环境明显改善。通过南护水源、中保绿洲、北治风沙，河西走廊沙区生态环境明显改善，沙化扩展势头减缓，沙尘暴频率减少、风速降低，空气湿度增加。特别是生态环境问题最为突出的石羊河流域，提前 8 年实现了蔡旗断面下泄水量达到 2.9 亿立方米以上、民勤盆地地下水开采量控制在 0.86 亿立方米以内的两大控制性目标。

四是绿洲产业结构持续优化。河西走廊各市县大力推进绿洲产业结构调整，充分利用沙区光热资源，积极发展沙产业，建立沙产业示范区 47 个，形成戈壁农业、生态旅游及草业、药业、林果业等多种沙产业发展模式，提高了水资源利用率，生态、经济及社会效益显著。截至 2020 年底，全省已发展沙产业企业、基地近 1000 多家。

二、河西走廊探索形成的典型防沙治沙模式

（一）极端干旱区—敦煌莫高窟防沙治沙模式

地处极端干旱区的敦煌、瓜州等地，因雨养条件下大部分植物难以生存，主要采取以工程固沙和封育保护为主、植物固沙为辅的防沙治沙技术措施。敦煌莫高窟风沙危害综合防护模式以固为主，固、阻、输、导相结合，以工程和生物措施为主，兼顾化学固沙，并根据不同地貌特征及地表组成物质，依次建立鸣沙山前缘流动沙丘和平坦沙地阻断区、窟顶戈壁防护区、洞体崖面固结区、石窟对面流动沙丘固定区、窟区防护林带建设区及天然植被封育保护区，有效控制了危害莫高窟的风沙灾害，达到了世界文化遗产和全国重点文物保护单位的环境质量要求。

（二）干旱区

地处干旱区的张掖、武威和酒泉部分县区，以工程措施和生物相结合的综合固沙技术为主。

民勤"固沙削顶、拦腰分段"固沙造林模式。在当前雨养条件下，根据年降雨量大小科学调整固沙灌木造林密度。"固沙削顶"是河西走廊沙区广泛采用的一种固沙技术，是治理 6—7 米以下的中、小型流动沙丘常采用的方法。对不能一次固定的 8 米以上高大连绵沙丘，则采用截腰分段，分期造林的办法，把沙丘化大为小，变高为低，最终彻底固定。

古浪"四带一体"风沙口治理模式。沿主害风路径由下风向至上风向依次设置前沿防风阻沙带、固沙林带、外围阻沙带、封沙育草带，在新绿洲边缘形成"阻、固、封"相结合的人工防风固沙格局，有效阻止流沙入侵埋压农田和村庄，同时降低过境风沙流对农作物的沙打、沙割。

（三）特殊区——金塔县鸳鸯池水库防沙治沙模式。

对地处风沙沿线的水库、铁路、公路等设施，本着"因地制宜、因害设防、突出重点、综合治理"的原则，开展风沙危害综合治理。根据金塔县鸳鸯池水库近库区风沙灾害特点和地形地貌特征，在水库周围由内到外形成"护、阻、固、封"综合防护体系，其中"护"就是库区周边营建防风固沙林，"阻"和"固"就是库边营建防风林和砾石沙障，阻止流沙和固定沙丘，"封"就是在天然植被相对较好的地带进行封育。

河西走廊防沙治沙工作尽管取得了一些成效，但仍存在整体规划和推进不够、防沙治沙资金投入不足、防治力量分散、防沙治沙新技术新方法推广应用滞后、精准治沙方略落实不到位等问题。水资源短缺和水资源使用结构不合理也是制约防沙治沙的核心因素。

三、河西走廊创建国家防沙治沙综合示范区的路径举措

河西走廊应以争创国家防沙治沙综合示范区为抓手，以保障内陆河流域绿洲生态安全为目标，以保护山水、增加绿量、治理风沙为主线，坚持南护水源、中保绿洲、北治风沙，统筹推进河西走廊山水林田湖草沙综合治理，构建与防沙治沙相融合的水生态体系、林草植被体系和高效节水产业体系，筑牢国家西部生态安全屏障。

首先，加强组织领导，构建完善工作协调机制，争取创建河西走廊国家防沙治沙综合示范区。建立省级分管领导牵头，由河西五市及省发改、自然资源（林草）、水利、生态环境、财政等部门组成的防沙治沙联席会议制度，定期召开会议，讨论研究重大问题，提高防沙治沙工作的系统性和协同性。积极争取国家林草局将河西走廊一体列为国家防沙治沙综合示范区。加快编制河西走廊防沙治沙综合示范区规划，统一划定自然修复区、压沙造林区、防护林建设区，明确重点任务、主要措施、责任单位及资金、技术等保障。实行防沙治沙目标责任管理，完善考核激励制度，将防沙治沙纳入各级行政领导干部政绩考

核内容。探索建立以政府为主导、全社会共同参与的防沙治沙机制，引导社会组织和市场主体积极参与防沙治沙。

其次，坚持南护水源、中保绿洲、北治风沙，强化河西走廊内陆河流域系统治理和沙区整体治理。加强河西走廊水资源调度管理，实施外流域向河西走廊调水工程，加大内陆河流域上中游向下游水资源输送，减少下游地下水过度开采，促进沙区地下水位逐步回升、植被自然恢复。同时根据河西走廊不同地区降雨量、地下水位和地理地貌特征，科学布局、对症下药、精准治理。一是加强祁连山生态保护与修复。在祁连山区实施封育保护、退耕还林还草、退牧还草、补栽补造等工程，加快推进祁连山国家公园建设，提高水源涵养功能，为河西沙区生态保护与治理提供良好的水生态环境和水资源保障。二是推进中部绿洲绿色发展。重点实施节水型社会建设工程、退化防护林修复工程及道路、村庄、农田等防护林网建设。大力优化三次产业结构，发展节水产业。实施移民搬迁，促进南部山区和北部沙区人口向中部绿洲有序转移和集聚，缓解生态脆弱区人口压力。三是加强北部风沙带治理。重点实施河西走廊荒漠化土地和沙化土地综合治理工程、重点风沙口风沙源综合治理工程及退化防风固沙林生态修复工程，切断风沙流运输路径，阻止外来沙源侵袭。

再者，加大治沙技术创新和示范推广，实施科学治沙、精准治沙。加大不同地区治沙模式、治沙技术的研发和示范推广，因地制宜、因害设防，提高治沙的精准性。一是积极推进防沙治沙技术创新。加强防沙治沙创新服务平台建设，争取将甘肃省荒漠化与风沙灾害防治国家重点实验室（培育基地）纳入国家重点实验室行列。聚焦重点风沙口、退化固沙体系生态修复，推进技术创新、模式创新和机械创新，并做好试验示范和推广应用。修订完善不同区域治沙造林技术标准。二是加强防沙治沙人才队伍建设。整合全省不同层次的治沙力量，打造新型治沙科研创新团队。加强基层林业技术人员培训，突出防沙治沙技术规程培训，解决防沙治沙技术推广和示范应用最后一公里问题。三是建立健全荒漠生态系统定位监测体系。建立地面观测和遥感多尺度观测相结合的荒漠生态系统长期定位监测体系，推进荒漠生态系统监测由站点观测逐步走向流域和区域监测。加强监测结果的统计分析，定期开展防沙治沙成效评估，为科学防沙治沙提供依据。

最后，积极争取国家项目和资金支持，并探索多元可持续的投融资渠道。河西走廊防沙治沙难度大，治沙造林成本高、投入大，仅靠地方财政难以完成防治任务，必须在争取国家支持的同时，探索多元化的资金来源渠道。一是积极争取实施国家生态建设项目。争取将河西走廊防沙治沙综合示范区建设列入国家生态建设专项规划，给予立项支持。积极申报实施国家三北防护林、退耕还林、退牧还草、防沙治沙等重点生态建设项目，争取国家财政对河西走廊防沙治沙示范区建设的投入。二是加大地方财政投入。将河西走廊防沙治沙资金投入列入各级政府财政预算，专款专用，加强绩效管理，强化对防沙治沙规划实施的资金保障，确保防沙治沙重点工程有序实施。三是建立多元投融资机制。探索设立沙区生态补偿基金，支持引导社会资本参与河西走廊沙产业开发及生态建设。落实好国家转移支付制度和重点生态功能区转移支付政策，完善森林生态效益补偿补助机制和草原生态保护补助奖励政策。

第四节 河西地区全国新能源基地建设

河西走廊是甘肃乃至全国太阳能资源和风能资源最丰富的地区之一，不仅支撑起甘肃省经济发展和日常所需，还提供着东部地区的电力输送，甚至可以提供全国一个月份的用电总需求量。在国家实施能源战略的重大国策中扮演着极其重要的角色，也为"一带一路"政策的实行起到重要的建设作用。2010年国务院办公厅下发《关于进一步支持甘肃经济社会发展的若干意见》，把酒泉列为全国重要新能源基地。2013年，习近平总书记提出"要着力推进甘肃经济结构的战略性调整，对战略性的新兴产业要大力扶持发展，打造全国重要的新能源及新能源装备制造基地"。我国"十四五"规划中对能源发展提出，重点发展天然气和非化石能源，逐渐放缓煤炭和石油开发增速，能源发展的主要目标是稳油、减煤、清洁能源持续增长。新时代推进西部大开发，为甘肃能源产业发展和转型带来新机遇。2020年5月，党中央、国务院出台《关于新时代推进西部大开发形成新格局的指导意见》，明确优先安排西部地区就地加工转化能源资源开发利用项目，推动煤炭清洁生产与智能高效开采，推进煤炭深加工产业升级示范，提升清洁电力输送能力等政策措施。

在当今世界传统能源枯竭、气候变化和发展低碳经济趋势下，在国家全方位实施能源战略的要求下，甘肃河西地区实施新能源战略、建设特大型新能源基地，不仅可以促进我国能源战略发展，对于甘肃省能源结构改善、经济发展和生态环境保护也意义重大。"十三五"期间，甘肃新能源发展取得长足进步。河西地区新能源基地建设步伐稳健。第一个国家级千万千瓦级风电基地在酒泉建成。新能源项目的发展带动了新能源装备制造业，目前河西新能源基地装备制造已经形成了集设计、研发、制造、培训、服务综合为一体的产业体系。风电设备中的逆变器、光伏组件和支架生产已经初具规模，新能源产业已经成为甘肃省重要的支柱性产业，促进能源转型和后续经济发展。

一、河西地区风能资源基础和产业

甘肃的风能资源丰富，总储量为 2.37 亿千瓦，风力资源居全国第 5 位，可利用和季节可利用区的面积为 17.66 万平方千米，主要集中在河西走廊和省内部分山口地区，酒泉境内的瓜州、玉门素有"世界风库"和"世界风口"之称，被国家批准为首个"千万千瓦级风电基地"。河西地区已经建成的风电装机占到全省总装机量的 88.4%。而河西地区大部分风电装机量分布在酒泉，其拥有 890 万千瓦，占据河西地区风电装机量的 88.1%，实现"陆上三峡"。其中风电装备制造业制造能力达到了 500 万千瓦，在兰白（兰州和白银）、金武（金昌和武威）和酒嘉（酒泉和嘉峪关）三个基地中，以酒嘉基地影响力最大。风电装备制造相关企业有东汽风电、华锐风电、金风科技等。

二、河西地区光能资源基础和产业

河西地区太阳能资源丰富，光电理论储量近 20 亿千瓦，是全国最具开发潜力的光伏发电基地。河西积极推进敦煌、嘉峪关，酒泉的肃州、金塔县级地区，金昌和武威的凉州、民勤等 7 个百万千瓦级大型光伏发电基地建设。同时推动太阳能光伏、光热发电装备研制和产业化，由光伏发电组件向发电成套设备扩展。分步式光伏发电技术、太阳能建筑一体化构件及太阳热能民用新产品的研发应用得到进一步提升，光伏产业市场的竞争力得到进一步提高。华能、大唐等 5 大发电企业、金塔万晟、正泰新能源等光伏发电装备产业企业及中广核、中节能等国内知名发电企业都陆续在酒泉投资建设大型风电项目。一批新能源企业迈入全球光热发电市场，成为世界光热发电行业的重要角色。

位于敦煌光电产业园区内的敦煌大成 50 兆瓦线性菲涅尔式光热发电站，是世界首个以熔盐作为集热工质的线性菲涅尔式太阳能光热发电商业项目，配置 15 小时储热，可实现 24 小时连续发电，年发电量约 2.14 亿千瓦时。位于甘肃省敦煌市的首航节能敦煌 100 兆瓦熔盐塔式光热电站，是我国首个百兆瓦级商业化光热电站、首批光热发电示范电站之一，也是目前亚洲装机最大，全球聚光规模最大、吸热塔最高、储热罐最大、可 24 小时连续发电的 100 兆瓦熔盐塔式光热电站。位于甘肃省玉门市的玉门鑫能 50 兆瓦二次反射塔式熔盐光热发电站，规划装机容量 50 兆瓦，采用二次反射太阳能光热发电技术，建设 15 个集热模块，并在动力岛储热区配置 9 小时熔盐储能系统及汽轮发电机组，发电机组年利用小时数为 4328 小时。

这些新能源企业的建成是我国光热发电产业发展史上的重要里程碑，不仅验证了中国新能源企业强大的设计技术和建设能力，也优化了河西地区新能源产业结构，对甘肃省乃至全国新能源产业健康持续发展具有积极的示范引领作用。

三、打造河西走廊新能源发展创新高地

近年来，随着风、光电平价上网和石化能源价格持续上涨，风、光电与煤电相比，其成本优势、二氧化碳减排优势凸显，这给河西走廊抢抓国家正在大力推进的以沙漠戈壁荒漠为重点的大型风、光电基地建设带来了千载难逢的历史机遇。

实现"十四五"甘肃省新能源装机规模达到 5000—8000 万千瓦目标，关键是要解决好调峰、跨省外送和就地消纳。从目前形势看，跨省外送已引起国家和地方重视。而调峰和就地消纳，在国家实施能耗双控、严控煤电新增规模和规划的抽水蓄能电站短期难以建成的背景下，亟待储能技术的集成创新应用。同时，发展沙漠风电、"光伏 + 治沙"产业，也需技术集成创新。

应设立新能源科技创新基金，吸引更多资金畅达新能源创新领域，为关键技术集成创新与应用提供资金保障。加大熔盐储热技术集成创新，新建熔盐储热电站，也可研究单机 30 万千瓦以下拟淘汰火电机组改建为熔盐储热电站的

技术可行性，把夜间富余的风电转化为热能储存于熔盐，在供电高峰期再转化为调峰电能，实现调峰和提高风电利用率双赢。

同时，要创新储能电站建设运营模式。目前，无论是电化学储能还是熔盐热物理储能，受技术成熟度影响，建设成本较高，单独商业化运营尚有困难，可强制要求新能源企业按占装机规模 5%—15% 的比例一体化配套建设。为降低成本，也可鼓励在电网侧独立建设有规模的"共享"储能电站，由发电企业租赁或购买调峰容量。

此外，要支持光热发电技术创新，加快降低发电成本，支持沙漠风电、"光伏＋治沙"建造技术集成创新，实现发电与生态治理双赢，支持保障电网安全运营的关键技术创新集成，推动电网与新能源同步规划、一体建设。

四、武威市新能源及装备制造产业发展

武威境内太阳能、风能资源充足。风能资源属三类地区，太阳能资源属一类地区，风光电资源开发空间巨大，地貌特征也具备基地化、规模化、一体化开发新能源的基础条件。武威是河西电网的重要支点，是西北清洁能源向中东部地区输送的重要能源通道，发展新能源产业具有得天独厚的优势，新能源产业是武威最有潜力、最有条件、最有基础培养壮大的特色优势产业。近年来，武威市按照甘肃省委、省政府"加快完善绿色生态产业体系，推动能源清洁低碳、安全高效利用，推进新能源产业高质量发展"的部署要求，围绕构建"一核三带"区域发展格局，建设以清洁能源及新材料和特色高效农业为重点的河西走廊经济带，抢抓"金、张、武"千万千瓦级风光互补发电基地建设的政策机遇，拓展新能源领域，增强产业创新力，加快构建新能源及装备制造产业链，着力打造百亿级新能源产业集群，全市新能源及协同产业稳步推进。全市已累计建成项目 700 万千瓦以上。

武威市按照产业规划与区域布局协同发展，构建了三县一区各具特色、互补互促的全产业链体系。凉州区重点布局打造百万千瓦级光伏治沙示范基地；

民勤县重点布局打造"风光核氢储"多能互补一体化能源基地；古浪县重点布局打造百万千瓦级沙漠生态光伏发电基地和"光伏+"综合应用基地；天祝县重点布局松山滩百万千瓦光伏发电基地建设。引入了国家能源集团、远景能源、重通成飞、德斯威等 10 多家技术前沿、竞争性强、资金实力雄厚的大型央企和知名民企。

2023 年，国家能源集团民勤县红沙岗 20 万千瓦光伏项目已并网发电。凉州工业园区内，甘肃重通成飞新材料有限公司与西北工业大学联合研发出长 95 米的风电主力叶片，功率达到 5—6 兆瓦。目前，企业拥有 6 条 83.4—95 米不等的叶片生产线，成为西北地区商业化批量生产最长叶片的生产企业和大兆瓦级风电叶片最大产能生产基地。

第五节 "生态兴则文明兴"

——以文化自觉开启通向生态文明之路

美国学者贾雷德·戴蒙德曾指出，古往今来由于生态破坏而衰落消亡的文明，无不是缘于对科学的无知，文化上的误导，甚至因为纯粹的愚蠢。我们今天所面临的全球性生态危机，起因不在生态系统本身，而在于我们的文化系统。文化是文明赖以产生的土壤与活水，文明是文化之精华，生态文化是生态文明的基础，发展生态文化，建设生态文明，进行文化价值观念的革命已经成为国际社会的共识。

2015 年 4 月，中共中央、国务院颁布的《关于加快推进生态文明建设的意见》确定的五条基本原则，"坚持把培育生态文化作为重要支撑"是其中之一。2018 年 5 月 18 日，习近平总书记在全国生态环境保护大会上提出的构建生态文明体系组成要素中，把"加快建立健全以生态价值观念为准则的生态文化体系"放在五大子系统首位，统筹谋划构建与时俱进、科学完整的生态文化体系，引领生态文明建设。

中华优秀传统生态文化的主要内容集中体现在科学丰富的"天人合一""亲亲而仁民，仁民而爱物"的生态自然观、"民胞吾与""敬畏生命"的生态伦理观和"道法自然""取用有节"的可持续发展观等生态智慧方面，具有重视人与自然之间的关系、强调自然所蕴含的经济价值、倡导知足知止的资源利用方式等特点。在新时代人与自然和谐共生的生态文明建设中，要把"人与自然和谐共生"与"人类文明进步"联系起来，循自然之规律，守"取之有时，用之有度"之原则，不断促进人类文明新形态的丰富发展。

一、"文明是文化不可避免的归宿"

德国历史学家斯宾格勒说"文明是文化不可避免的归宿"。胡适认为"文明是一个民族应付他的环境的总成绩……文化是一种文明所形成的生活方式"。按照他的理解：文明作为成果导向引导着文化自觉的方向，积极的文明表现出先驱性和使命感，能带领人类历史进入更高的社会状态。

文化是文明的底蕴，文化支撑着文明。从空间上来看，文明注重的是纵向的历史脉络，文化则是横向的、共时的、地域的有机体，学者张泽乾在《法国文明史》一书中指出"文明是文化的内化，文明是文化的升华，从本质上来讲，二者是外与内，实与虚的关系"。文明与文化相互作用犹如渠与水，文化的水越多，文明的渠才能河流滔滔。区别于人与人之间关系的社会文化，生态文化是人与自然关系的文化，包括物质文化（生产形式、工艺产品等）、行为文化（生活习俗、地域特色文化等）、精神文化（宗教、艺术风格等）等。生态文化是正向的文化，反映着人对自然的积极改造，它是一种思想觉悟和价值取向。当今中国的生态文明建设必须以先进的生态文化做底蕴，这是一种科学的态度，同时也是有效的途径。生态文化是生态文明的内核，生态文明则是生态文化的载体，孔子曰："君子之德风，小人之德草，草上之风必偃。"

生态文明是国家层面的积极导向，它以政治手段作为推动力给生态文化建设指明了方向，在生产空间、生活空间都要以生态文明为导向，加强教育、制度、科技、消费等方面的生态文化建设。总之，要想建设好生态文明，必须实现与生态文化的互动共振，促进生态文化向生态文明的成果转化，使文化为文明服务，在人们的思想上和行为上都形成统一，从而用生态文化来促进生态文明建设的自觉性。

二、以生态文化自觉开启通向生态文明之路

实现生态可持续发展是 21 世纪全球发展共识，也是全球需要面临的重要挑战之一。很显然，生态矛盾的根源不在于生态环境本身，而在于人对待自然的观念与方式。文化是人对自身的认识和反思，生态文化就是人们对人与自然关系的深刻反思，一种从根本上对人的行为方式、行为模式、思维方式进行全面的、彻底地反思和改造，它的目标不仅指向人与自然和谐相处，而且还包括人与人之间、人与自身之间、人与社会之间和谐相处，生态与文化共同的趋向性是人类生活世界的持续与和谐。由此生态文化成为促进生态空间和经济空间融合的"助推器"和"黏合剂"，它升华人的认识、规范人的行为方式、提高人的素质、转变人的格局、提升人改造自然的能力，并且对于处理诸如人与自然的矛盾、生态环境与经济发展的矛盾等都发挥着不可替代的作用。

习近平总书记指出，要化解人与自然、人与人、人与社会的各种矛盾，必须依靠文化的熏陶、教化、激励作用，发挥先进文化的凝聚、润滑、整合作用，也要发挥生态文化对人们生态自觉的促进作用。自觉是指人们对自然发展规律有清醒认识，然后通过内在思想的驱动所致的个体行为外化。先进文化发挥作用，必须建立在广大群众普遍认同和自觉自为的基础之上。生态文化对人们自觉的促进包含两方面的内容：一是摆正人与生态的关系，摒弃人是自然的主宰者的观念，将人与生态置于平等对话的位置；二是在实践方式上，包括生产方式和生活方式，自觉地尊重生态、顺应生态、建设生态，不再秉承占有和掠夺的狭隘思想。以此来看，生态文化的建设至关重要，它包含了人的认识的升华和格局及世界观的转变。

在生态危机日益严峻的现实境遇中生态文明以尊重和维护自然权利为前提，以人与自然、人与人和谐共生、全面发展、持续繁荣为基本宗旨引导人类走永续发展的绿色之路，而以绿色发展为主导的生态文明将人与自然置于对等的发展平台上来认同，既关注了人的生存发展需要，又兼顾了自然生态系统的稳定和持续，其根本目的是呵护人与自然所构成的生态共同体的永续发展。党的十八大报告中把生态文明列入五位一体。2013 年 5 月 24 日，习近平总书记在十八届中央政治局第六次集体学习时指出："生态文明是人类社会进步的重大成果。人类经历了原始文明、农业文明、工业文明，生态文明是工业文明发展到一定阶段的产物，是实现人与自然和谐发展的新要求。历史地看，生态兴则文明兴，生态衰则文明衰。"习近平总书记关于"生态兴则文明兴、生态衰则文明衰"的重要论述是在全球性生态危机肆虐的现实境遇中对资本主义工业文明的深刻反思和积极扬弃，代表着人类历史前行的方向。习近平总书记指出，党和政府要"以对人民群众、对子孙后代高度负责的态度和责任，真正下决心把环境污染治理好、把生态环境建设好，努力走向社会主义生态文明新时代，为人民创造良好生产生活环境"。河西走廊生态治理的最终归宿是实现人与自然的和谐共生，因此要深刻认识生态文化对于生态文明建设的重要促进作用，加强教育、制度、科技、消费等方面的生态文化建设，使生态文化在社会的方方面面扎根，以生态文化自觉开启通向生态文明之路，既偿还在长期发展中欠下的生态账单，又减少在未来发展中制造新的生态问题。

结　语

良好的生态环境是经济社会持续、健康发展的重要支撑点。"十四五"期间，我国将进一步完善生态安全屏障体系。河西地区应以习近平总书记的系列重要指示精神为指导，以新的治理思维和新的发展理念拓展生态治理的认知视域，义无反顾地承担起维护国家生态安全的责任使命，抢抓国家战略叠加机遇，持续深化与国家重大区域发展战略对接合作，持续推进新时代西部大开发战略，努力提升防范生态环境风险挑战的能力，不断增强经济发展内生动力，将潜在的生态价值转化为现实的发展优势，创建和谐、稳定、美丽的现代化新河西。

参考文献

古籍

［春秋］管仲：《管子》，北京：燕山出版社，1995 年。

［汉］司马迁：《史记》，北京：中华书局，1957 年。

［汉］班固撰，颜师古注：《汉书》，北京：中华书局，1964 年。

［后魏］郦道元，［清］杨守敬、熊会贞疏，段熙仲点校，陈桥驿复校：《水经注》，南京：凤凰出版社，1989 年。

［南朝宋］范晔撰，［唐］李贤等注：《后汉书》，北京：中华书局，1965 年。

［唐］魏征等：《隋书》，北京：中华书局，1973 年。

［唐］吴兢：《贞观政要》，上海：上海古籍出版社，1978 年。

［唐］温大雅：《大唐创业起居注》，上海：上海古籍出版社，1983 年。

［唐］杜佑：《通典》，北京：中华书局，1984 年。

［唐］李林甫等撰，陈仲夫点校：《唐六典》，北京：中华书局，1992 年。

［后晋］刘昫等撰：《旧唐书》，北京：中华书局，1975 年。

［宋］司马光编著，胡三省音注：《资治通鉴》，北京：中华书局，1956 年。

［宋］王钦若等编：《册府元龟》，北京：中华书局，1960 年。

［宋］欧阳修撰，徐无党注，华东师范大学等点校：《新五代史》，北京：中华书局，1974 年。

［宋］欧阳修等：《新唐书》，北京：中华书局，1975 年。

［宋］乐史撰：《太平寰宇记》，北京：中华书局，2007 年。

［明］宋濂等撰：《元史》，北京：中华书局，1976 年。

［清］彭定求等编：《全唐诗》，北京：中华书局，1960 年。

［清］张廷玉等：《明史》，北京：中华书局，1974 年。

［清］赵尔巽等撰：《清史稿》，北京：中华书局，1977 年。

［清］董诰等编：《全唐文》，北京：中华书局，1983 年。

［清］刘锦藻编纂：《清朝文献通考》，上海：上海古籍出版社，1988 年。

专著

［清］查继佐著：《罪惟录》，杭州：浙江古籍出版社，1986 年。

［清］许协修：《镇番县志》，兰州：兰州古籍书店，1990 年。

［清］张澍辑，王晶波校点，刘满审订：《二酉堂丛书史地六种》，兰州：甘肃人民出版社，1992 年。

［清］钟赓起原著：《甘州府志校注》，兰州：甘肃文化出版社，1995 年。

［清］黄文炜等原著，张志纯等校点：《高台县志辑校》，兰州：甘肃人民出版社，1998 年。

张维校录，嘉峪关市史志办公室校注：《肃州新志校注》，北京：中华书局，2006 年。

［清］张珊美总修，张克复、王宝元、李兴华等校注：《五凉全志校注》，兰州：甘肃人民出版社，1999 年。

［清］谢树森、［民国］谢广恩著，李玉寿校注：《镇番遗事历鉴》，香港：香港天马图书有限公司，2000 年。

［清］祁韵士：《万里行程记》，兰州：甘肃人民出版社，2002 年。

敦煌文物研究所编：《敦煌石窟壁画》，北京：文物出版社，1960 年。

黄永武编：《敦煌宝藏》，台北：台湾新文丰出版公司，1981 年。

谢毓寿、蔡美彪：《中国地震资料汇编》，北京：科学出版社，1983 年。

甘肃省文物工作队、甘肃省博物馆编：《汉简研究文集》，兰州：甘肃人民出版社，1984 年。

唐耕耦、陆宏基：《敦煌社会经济文献真迹释录》第 1 辑，北京：书目文献出版社，1986 年。

谢贵华等：《居延汉简释文合校》，北京：文物出版社，1987 年。

谢桂华、李均明、朱国沼：《居延汉简合校》，北京：文物出版社，1987 年。

敦煌文物研究所：《1983 年全国敦煌学术讨论会文集》（文史遗书编下），兰州：甘肃人民出版社，1987 年。

甘肃省文物考古研究所编，薛英群、何双全、李永良注：《居延新简释粹》，兰州：兰州大学出版社，1988 年。

朱同心主编：《定西大有希望——定西扶贫开发二十年纪实》，兰州：敦煌文艺出版社，1999 年。

甘肃省文物考古研究所等编：《居延新简》，北京：文物出版社，1990 年。

北大中古史研究中心：《敦煌吐鲁番文献研究论集》，北京：北京大学出版社，1990 年。

甘肃省文物考古研究所、甘肃省博物馆、文化部古文献研究室、中国社会科学院历史研究所编：《居延新简》，北京：文物出版社，1990 年。

甘肃省文物考古研究所：《敦煌汉简》，北京：中华书局，1991 年。

甘肃文物考古所编：《敦煌汉简释文》，兰州：甘肃人民出版社，1991 年。

尹泽生、杨逸畴、王守春：《西北干旱地区全新世环境变迁与人类文明兴衰》，北京：地质出版社，1992 年。

温友祥：《发展之路——八十年代甘肃发展农村经济"三条路"的调查与思考》，兰州：甘肃人民出版社，1993 年。

吴廷桢、郭厚安主编：《河西开发史研究》，兰州：甘肃教育出版社，1996 年。

马俊民、王世平：《唐代马政》，西安：西北大学出版社，1996 年。

陈纪常：《"三西"建设与党的领导和建设》，兰州：甘肃人民出版社，1997 年。

白册侯、余炳元著，施生民校点：《新修张掖县志》，张掖市志办公室，

1998 年内部资料。

梁东元:《额济纳笔记》,北京:北京国际文化出版公司,1999 年。

李栋梁、刘德祥:《甘肃气候》,北京:气象出版社,2000 年。

曹树基:《中国人口史》,上海:复旦大学出版社,2000 年。

路遇、滕泽之:《中国人口通史》,济南:山东人民出版社,2000 年。

谢树森、谢广恩:《镇番遗事历鉴》,香港:香港天马图书有限公司,2000 年。

高季良总纂,张志纯等校点:《创修临泽县志》,兰州:甘肃文化出版社,2001 年。

中国文物研究所、甘肃省文物考古研究所:《敦煌悬泉月令诏条》,北京:中华书局,2001 年。

胡平生:《敦煌悬泉月令诏条》,北京:中华书局,2001 年。

郑阿财、朱凤玉:《敦煌蒙书研究》,兰州:甘肃教育出版社,2002 年。

陶保廉:《辛卯侍行记》,兰州:甘肃人民出版社,2002 年。

李并成:《河西走廊历史时期沙漠化研究》,北京:科学出版社,2003 年。

吴生贵、王世雄等校注:《肃州新志校注》,北京:中华书局,2006 年。

方荣、张蕊兰著:《甘肃人口史》,兰州:甘肃人民出版社,2007 年。

田澍:《西北边疆社会研究》,北京:中国社会科学出版社,2009 年。

张著常等纂,刘汶等校注:《东乐县志》,兰州:兰州大学出版社,2009 年。

张掖地区志编纂委员会:《张掖地区志》,兰州:甘肃人民出版社,2010 年。

甘肃简牍保护研究中心等编:《肩水金关汉简(壹)》,上海:中西书局,2011 年。

潘春辉:《西北水利史研究:开发与环境》,兰州:甘肃文化出版社,2015 年。

赵海莉、李并成:《西北出土文献中的民众生态环境意识研究》,北京:科学出版社,2018 年。

刘郁芬修,杨思、张维纂:《甘肃通志稿》,兰州:敦煌文艺出版社,

2021 年。

《甘肃年鉴》编委会编：《甘肃年鉴》，北京：中国统计出版社，2021 年。

《中国地方志集成》，南京：凤凰出版社，2008 年。

论文

甘肃省博物馆：《武威磨嘴子六号汉墓》，《考古》，1960 年第 5 期。

甘肃省博物馆：《武威磨嘴子汉墓发掘》，《考古》，1960 年第 9 期。

杜思平、李永平：《考古所见河西走廊西部的农业发展》，《西北史地》，1994 年第 1 期。

敦煌文物研究所考古组、敦煌县文化馆：《敦煌甜水井汉代遗址的调查》，《考古》，1975 年第 2 期。

刘光华：《汉武帝对河西的开发及其意义》，《兰州大学学报》，1979 年第 3 期。

邓慎康：《甘肃省河西走廊的太阳能及风能资源初步考察报告》，《合肥工业大学学报》，1980 年第 3 期。

唐景绅：《明清时期河西人口辨析》，《西北人口》，1983 年第 1 期。

邓文宽：《敦煌写本〈百行章〉述略》，《文物》，1984 年第 9 期。

邓文宽：《敦煌写本〈百行章〉校释》，《敦煌研究》，1985 年第 4 期。

徐乐尧、余贤杰：《西汉敦煌军屯的几个问题》，《西北师大学报（社会科学版）》，1985 年第 4 期。

苏北海、周美娟：《甘州回鹘世系考辩》，《敦煌学辑刊》，1987 年第 2 期。

李并成：《石羊河下游绿洲明清时期的土地开发及其沙漠化过程》，《西北师范大学学报（自然科学版）》，1989 年第 4 期。

吴疆：《民勤历史上的赛驼习俗》，《体育文史》，1990 年第 5 期。

王尧奇、韦志刚：《河西地区的太阳直接辐射和大气透明度》，《气象学报》，1995 年第 53 卷第 3 期。

曹树基:《对明代初年田土数的新认识——兼论明初边卫所辖的民籍人口》,《历史研究》,1996 年第 1 期。

陈钧:《河西走廊地区珍稀兽类与环境》,《自然资源》,1997 年第 5 期。

孟开、苏文:《河西矿产资源的开发保护和科学利用》,《发展》,1998 年第 2 期。

吴礽骧:《敦煌悬泉遗址简牍整理简介》,《敦煌研究》,1999 年第 4 期。

吴晓军:《河西走廊内陆河流域生态环境的历史变迁》,《兰州大学学报》,2000 年第 28 卷第 4 期。

王子今:《两汉沙尘暴》,《寻根》,2001 年第 5 期。

李兴江、刘澈元:《甘肃河西区域经济发展模式研究》,《兰州铁道学院学报(社会科学版)》,2001 年第 2 期。

王根绪、程国栋、沈永平:《近 50 年来河西走廊区域生态环境变化特征与综合防治对策》,《自然资源学报》,2002 年第 1 期。

颜炳枢:《民勤盆地:拒绝第二个"罗布泊"》,《新西部》,2002 年第 3 期。

袁生禄、羊世玲:《河西走廊的沙尘暴、水资源与农林牧结构问题》,《甘肃水利水电技术》,2003 第 1 期。

李辉:《试论两汉时期自然灾害的特征》,《社会科学战线》,2004 年第 4 期。

秦大河、丁一汇、苏继兰等:《中国气候与环境变化及未来趋势》,《气候变化研究进展》,2005 年第 1 卷第 1 期。

邹雅林:《民勤决不能成为第二个罗布泊——关于武威水资源的合理利用与生态环境建设的可持续研究》,《甘肃科技》,2005 年第 1 期。

李海兵、杨经绥、许志琴等:《阿尔金断裂带对青藏高原北部生长、隆升的制约》,《地学前缘》2006 年第 4 期。

邹雅林:《宋平同志与 20 世纪 70 年代石羊河流域的三次调查》,《开发研究》,2006 年第 6 期。

杨晓玲、丁文魁、董安祥等:《河西走廊气候资源的分布特点及其开发利用》,《中国农业气象》,2009 年第 30 卷。

韩华:《两汉时期河西四郡自然灾害探析——以悬泉汉简为中心》,《丝绸之路》,2010 年第 20 期。

刘满:《隋炀帝西巡有关地名路线考》,《敦煌学辑刊》,2010 年第 4 期。

周秉年:《祁连山森林保护与建设的思考》,《当代生态农业》,2002 年第 2 期。

何双全:《新出土元始五年〈诏书四时月令五十条〉考述》,《国际简牍学会会刊》,第三号。

谢继忠:《明清以来河西走廊生态环境保护思想及其实践》,《兰台世界》,2014 年第 11 期。

张建永、李扬、赵文智、史晓新:《河西走廊生态格局演变跟踪分析》,《水资源保护》,2015 年第 3 期。

杜林杰:《西部大开发的甘肃答卷》,《新西部》,2019 年 10 月上旬刊。

龚天星:《"八步沙精神"与武威绿色发展模式探析》,《甘肃农业》,2020 年第 3 期。

刘冰月:《庄子〈齐物论〉中生态文化思想的现代性阐释》,《文化学刊》,2022 年第 7 期。

耿步健、张晨:《人与自然和谐共生现代化的中华优秀传统生态文化基因》,《云梦学刊》,2023 年第 1 期。

王海飞:《河西走廊传统牧业生产中的地方性生态知识及其发展》,《原生态民族文化学刊》,2023 年第 3 期。

李雪红、张学斌、姚礼堂等:《西地区社会——生态系统恢复力时空演变特征及影响因素》,《干旱区资源与环境》,2023 年第 7 期。

李并成:《武威民勤绿洲历史时期的土地开发及其沙漠化过程》,北京大学硕士学位论文,1988 年。

程弘毅:《河西地区历史时期沙漠化研究》,兰州大学博士学位论文,

2003 年。

　　潘小多:《基于 DEM 的祁连山——河西走廊地区地貌形态分形特征研究》,兰州大学硕士学位论文, 2003 年。

　　刘丽琴:《汉代河西地区生态环境状况及保护管理研究》, 西北师范大学硕士学位论文, 2006 年。

　　郝二旭:《唐五代敦煌农业专题研究》, 兰州大学博士学位论文, 2011 年。

　　史志林:《历史时期黑河流域环境演变研究》, 兰州大学博士学位论文, 2014 年。

　　汪桂生:《黑河流域历史时期垦殖绿洲的时空变化与驱动机制研究》, 兰州大学博士学位论文, 2014 年。

　　张开:《西北地区唐代农牧业地理研究》, 山西师范大学博士学位论文, 2019 年。

后 记

实现生态可持续发展是 21 世纪全球发展共识，也是全球需要面临的重要挑战之一。习近平总书记关于"生态兴则文明兴、生态衰则文明衰"的重要论述代表着人类历史前行的方向。本书从人类活动与生态环境的关系出发，以河西地区生态变迁较为突出的汉、唐、明清时期为主要脉络，对河西地区历史时期的生态变迁和生态文化演进做了较为全面的分析研究，并针对现实问题探讨了生态文明建设背景下河西生态保护及恢复。我们认为，要用历史的、全面的和发展的观点认识和把握河西生态变迁及生态文化演进，要站在河西地区作为我国西北重要的生态屏障和国家重要生态屏障区的高度看待生态环境保护和生态文明建设的战略意义。

本书由王丹宇、郑苗拟定写作大纲，王丹宇负责统稿。具体写作分工：前言、后记、第五章、第六章由王丹宇独立完成，撰写字数约 10 万字；第一章、第二章、第三章、第四章由郑苗独立完成，撰写字数约 15.2 万字。此外，甘肃省社会科学院魏学宏研究员、武威市凉州文化研究院对于全书的研究思路和框架设计给予了重要指导，在此特别致谢。本书在编辑出版中得到读者出版社的鼎力支持和专业指导，在此特别致谢。本书写作过程中参考了大量的文献资料，真挚感谢各位作者所提供的帮助。

国家振兴"丝绸之路经济带"的伟大战略重新赋予河西走廊承载东西方文明交融发展的使命，生态共同体价值取向下生态发展理念的创新、思维视域的拓展、认知视野的开阔、生态兴则文明兴的可持续研究也将是我们长期的学术使命。由于我们的水平和能力有限，本书难免存在偏颇或者疏漏之处，恳请读者批评指正。

2023 年 10 月

总后记

武威，物华天宝，人杰地灵。寻访武威大地，颇感中华文明光辉璀璨，绵延传承。考古资料表明，在新石器时代，武威一带已经成为先民生息繁衍的重要地区。汉武帝时开辟河西四郡，武威郡成为河西走廊政治、经济、文化、军事之要地。东汉、三国、西晋时为凉州治所。东晋十六国时，前凉、后凉、南凉、北凉和隋末的大凉政权先后在此建都。唐朝时曾为凉州节度使治所，一度成为中国西北仅次于长安的通都大邑。"凉州七里十万家""人烟扑地桑柘稠"，其盛况可见一斑。宋元明清以来，凉州文化传承不辍。

在历史演进过程中，凉州成为了中原王朝经营西域的战略要地。农耕文明与游牧文明、中西方文化、多民族文化在这里交汇融合，形成了在中国文化史上占有重要地位的凉州文化。就历史文化的整体价值和综合影响而言，凉州文化已超越了今天武威这个地理范畴，不再是简单的区域性文化，而是吸纳传导东西方文明重要成果的枢纽型文化，是中华文化的重要组成部分。

凉州文化是多民族多元文化互相碰撞而诞生的美丽火花，其独特性是武威历史文化遗产中最有价值、最具魅力之处，也是具有文化辨识度的"甘肃标识"的特有文化，值得更系统、更深入地研究。特别是在新时代，对其进行更深层次的文化挖掘和意义阐释具有重要的现实意义。基于此，甘肃省社会科学院和武威市凉州文化研究院组织跨学科、跨地域的团队撰著了《凉州文化丛书》（第一辑），以期通过历史、文学、生态、长城、匾额、教育、人口等方面的研究，对厚重的凉州文化加以梳理，采撷其粹，赓续文脉，以文化人，为文化旅游名市建设增添文化智慧内涵。

《凉州文化丛书》（第一辑）由甘肃省社会科学院和武威市凉州文化研究院

共同商定，确定为2023年院重点课题。我和张国才、席晓喆同志组织实施，汇集两家单位的二十位学者组成团队开展研讨写作。丛书共包括《武威地名的历史传承与文化内涵演变》《古诗词中的凉州》《汉代武威的历史文化》《武威长城两千年》《武威吐谷浑文化的历史书写》《清代凉州府儒学教育研究》《武威匾额述略》《清代学人笔下的河西走廊》《河西历代人口变迁与影响》《河西生态变迁与生态文化演进》十本著作，每一本书的书名、内容框架，都是广集各个方面建议，多次召开编委会讨论研究确定下来的。因此，每本书的书名都具有鲜明的个性，高度概括了凉州特色文化的人文特点和地理风貌。丛书共计一百八十余万字，百余幅图片，主题鲜明，既做到了突出重点、彰显特色、求真务实，又做到了简洁流畅、雅俗共赏，是一套比较全面研究凉州特色文化的大型丛书。

丛书选取武威具有代表性的特色文化或尚未挖掘出的文化元素，进行深度挖掘、系统整理和专题研究，在撰写过程中，组织开展了十多次考察调研、研讨交流活动，每一本书的作者结合各自研究的内容，不仅梳理了凉州特色文化的理论研究，关注了凉州文化的传承与发展现实，还对凉州特色文化承载的丰富内涵和历史进行了深入的探讨，展示了凉州文化融入当代生活的现状，以及凉州文化推动武威特色旅游产业的途径。不难看出，凉州文化为我们深入了解武威提供了丰富的样本，其多样性、包容性、创新性、地域性等特点无疑是武威城市文化的地标、经济财富的源头、文化交流的名片。

文字与图像结合是叙事最基本、最重要的手段，其中图像的运用为我们了解世界构建了一个形象的思维模式，有助于我们更为深刻地认识世界。为了更好地展现凉州文化，丛书在文字的基础上通过大量的实物图像展示了凉州文化丰富多彩的形态。这些图片闪耀着独特而绚丽的光彩，也为我们解读了凉州文化背后不同的人文故事。同时，每一位作者在撰述中对引证的材料都作了较为翔实的注释，一方面力求言之有据、持之有故，另一方面也表达出对前贤时哲研究成果的尊重。

丛书挖掘整理了凉州文化中一些特色文化，对于深入研究凉州文化来讲，这是一种新的尝试。最初这套丛书的定位是具有较高品位的地方历史文化普及读物和对外宣传读本，要求以史料为基础，内容真实性与文字可读性相统一，展现武威博大精深的历史文化内涵和魅力，帮助广大读者更全面地认识、更深入地了解凉州文化元素，推动凉州文化的弘扬传承，实现优秀文化传承的主流价值引导和思想引领。经过一年多的努力，丛书顺利完成撰写，这本身是一件很有意义的事情。同时需要诚恳说明的是，这套丛书是一项综合性的跨学科的研究，涉及很多方面的知识，虽经多方努力，但因史料匮乏、资料收集不足。作者学力限制，作为主编者心有余而力不足，很多内容的研究论证尚欠丰厚。希望能够通过这套丛书引发人们对凉州文化更多的关注和思考，探索更多的研究方向，也就算实现了我们美好的愿望。此外，整个丛书撰写过程确实是时间紧、任务重，难免有错谬之处，敬请读者不吝赐教，我们不胜感激。

在这套书的论证和撰写中，中国社会科学院古代史研究所卜宪群所长及戴卫红、赵现海研究员，浙江大学历史学院冯培红教授，甘肃省社会科学院刘敏先生，西北师范大学传媒学院院长徐兆寿教授等领导、专家给予了很多建议，为书稿的顺利完成创造了条件。西北师范大学副校长、教授田澍先生百忙之中为丛书撰写了总序言，武威市凉州文化研究院的张国才院长及其他同仁对丛书的编撰勤勉竭力、积极工作、无私奉献，我在这里一并表示感谢。

《凉州文化丛书》（第一辑）编委会

魏学宏

2023 年 10 月

魏学宏，甘肃省社会科学院决策咨询研究所所长、研究员。先后发表学术论文 50 多篇，出版专著 2 部，主持完成国家社会科学基金项目、甘肃省哲学社会科学项目及省市县委托项目 10 余项。